U0178135

2022
中国园林古建筑精品工程项目集

《筑苑》工作委员会　编

中国建材工业出版社

图书在版编目（CIP）数据

2022中国园林古建筑精品工程项目集 /《筑苑》工作委员会编．-- 北京：中国建材工业出版社，2023.5
ISBN 978-7-5160-3708-9

Ⅰ．①2… Ⅱ．①筑… Ⅲ．①古典园林－园林建筑－案例－汇编－中国 Ⅳ．①TU-098.4

中国国家版本馆CIP数据核字（2023）第010112号

2022中国园林古建筑精品工程项目集
2022 ZHONGGUO YUANLIN GUJIANZHU JINGPIN GONGCHENG XIANGMUJI
《筑苑》工作委员会　编

出版发行：中国建材工业出版社
地　　址：北京市海淀区三里河路11号
邮政编码：100831
经　　销：全国各地新华书店
印　　刷：北京天恒嘉业印刷有限公司
开　　本：889mm×1194mm　1/16
印　　张：11.5
字　　数：220千字
版　　次：2023年5月第1版
印　　次：2023年5月第1次
定　　价：200.00元

本社网址：**www.jccbs.com**，微信公众号：**zgjcgycbs**

《2022中国园林古建筑精品工程项目集》

编委会

指导专家组：

商自福　张东林　梁宝富　范霄鹏　王乃海

编　委（按姓氏笔画排序）：

于会莲　王现化　王凯峰　王　曦　尹光文　叶真雪　刘志宇
刘哲文　刘留香　刘　涛　关　杰　麦志衡　李东皎　李　闯
李高飞　李肇江　杨忠伟　杨　哲　吴福升　何栋强　余晓霞
张红珠　张爱民　陈庆洪　武　玲　林罗胜　金　力　金　昊
周　怡　钟少强　俞　倩　洪淑媛　袁　强　顾锦花　殷云芳
黄伟芬　梁安邦　梁宝富　韩婷婷　傅志国　傅志茹　蔡伟胜
廖金杰　薛晨卫

中国建材工业出版社
《筑苑》工作委员会

前言 foreword

当前，深入贯彻新发展理念，加快构建新发展格局，推动高质量发展，创造高品质生活，都对加强生态文明建设提出了新任务、新要求。党的二十大报告中提到，“要推进美丽中国建设，坚持山水林田湖草沙一体化保护和系统治理，统筹产业结构调整、污染治理、生态保护、应对气候变化，协同推进降碳、减污、扩绿、增长，推进生态优先、节约集约、绿色低碳发展”。

在 2023 年 1 月全国住房和城乡建设工作会议上，“加强城市园林绿化建设，大力推动公园绿地开放共享”被列为年度重点工作要求，同时提出，“推广‘轮换制’等养护管理机制，再创建一批国家生态园林城市，新增和提升城市绿地 2 万公顷，建设‘口袋’公园 3800 个、绿道 4000 公里”，对城市园林绿化建设指明了具体的目标。

改善城乡人居环境，建设美丽中国，推动绿色低碳发展，促进人与自然和谐共生，已成为当前行业重要的使命任务。园林景观是生态文明的重要载体之一，城市公园绿地、广场、居住区绿地、道路景观等可为人们营造高品质的居住环境和公共活动空间，提高人民的幸福指数。古建筑的雕梁画栋、油漆彩画，古典园林的叠山理水、点景题名，展现了中华优秀传统文化的魅力，是实现文化的传承与发展的重要途径。

为加快实现我国园林古建行业高质量发展，鼓励企业及社会各界对园林古建领域的关注和投入，提升园林古建行业整体发展水平，中国建材工业出版社《筑苑》工作委员会从 2018 年起开始组织中国园林古建筑精品工程项目征集活动。

2022 年，园林古建行业面临新冠肺炎疫情影响、房地产市场下行等多重压力，如何在变局之年迎接挑战、抓住机遇、赢得发展主动权，是行业共同关心的话题。中国建材工业出版社《筑苑》工作委员会积极作为，组织了第 5 届园林古建筑精品工程项目征集活动，得到了广大成员单位的积极响应。根据征集活动办法，共筛选出 20 个符合要求的项目，入编本次出版的《2022 中国园林古建筑精品工程项目集》，面向全国发行。

入编本书的精品工程项目涉及园林工程、古建筑工程、生态修复、环境整治提升、铜装饰工程等多个方面，无论是设计水平还是施工水平，都具有一定的典型性和示范性，其中很多工程在当地省市荣获过优秀园林、古建工程奖，也有项目荣获中国风景园林学会科学技术奖园林工程奖金奖。书中对每个精品工程的工程概况、工程理念、工程的特点、重点及难点，以及新技术、新材料、新工艺的应用等做了详细阐述，客观介绍了目前我国园林古建筑领域在设计理念、施工技术以及创新做法等方面的先进经验，对业界同行具有很好的示范意义和参考价值。

优秀的园林古建筑精品工程不仅为人们营造了宜居的生活环境和优雅的人文氛围，而且还是中华优秀传统文化继承与发展的生动体现，代表着传承与创新、精益求精的工匠精神，以创先争优的鲜明导向激发园林古建行业高质量发展的信心和动力。希望本书的出版能够为广大同行提供借鉴与参考，也期待更多园林古建企业创造出更多优秀、经典的工程项目，共同推动我国园林古建行业高质量发展迈上新台阶。

《筑苑》工作委员会

2023 年 4 月

目录

contents

北京环球影城主题公园配套建设一期（城市大道、诺金度假酒店、环球大酒店及门前广场）园林景观工程

——北京顺景园林股份有限公司

HISTORIC BUILDING GARDEN

设计单位：中国建筑科学研究院有限公司

施工单位：北京顺景园林股份有限公司

工程地点：北京市通州区

项目工期：2019年8月30日—2020年10月31日

建设规模：153800平方米

工程造价：31392.93万元

本文作者：杨哲　北京顺景园林股份有限公司　技术研发中心总经理

刘涛　北京顺景园林股份有限公司　项目总监

图1　城市大道广场1

一、工程概况

北京环球度假区作为一个国际化大型主题度假区，是全球排名第五、全亚洲规模最大的环球度假区。参考全球首个环球度假区“好莱坞环球度假区”，其开业时间是1964年7月，北京环球度假区立志打造一个运营百年的主题度假区。因此，本次施工以基础设施稳固耐用为核心、安全可发展为目标进行实施。

施工范围约15.4万平方米，涉及公共交通空间、休闲广场、特色商业街区、主题乐园、度假酒店等多种景观类型。项目规模体量大、品控标准严苛、建造难度系数高，北京顺景园林股份有限公司提供了从设计落地配合、技术深化、工程实施，到后期养护管理等全方位的匠心服务。本次工程集中了公司的优势资源，运用多年积累的技术储备，以及科学的施工管理方法（图1~图25）。

图2 城市大道1

图3 城市大道2

二、工程理念

作为半EPC（工程总承包）项目，在设计阶段通过空间创意、形态创意、材料设计、种植设计、策划创意几大方面与外方团队进行了沟通，通过设计与施工的沟通，完善设计细节，补充细化落地细节。

City Work城市大道作为环球度假区的核心商业区，在方案中运用了大量中国元素，从停车楼穿过商业内街到达地标性的雕塑环球广场，沿路设计了双龙元素的铺装图案。通过模型推敲、VR技术模拟、渐变颜

图4 城市大道3

图 5　城市大道 4

图 6　城市大道 5

图 7　城市大道 6

色材质筛选，最终将“龙”元素完美呈现。整个环球广场是以“春日焰火”为主题，地面设计了绚丽的颜色表现烟花绽放的效果。沿路的树池坐凳选用了“春芽”的外形。内街和环球广场种植选用了北方特色色叶树银杏，高大笔直的树形与商业街交相辉应。

地铁广场选用了法国梧桐作为树阵，给游人更舒适的体验。通过地面颜色、材质的变化和流线形绿岛，进行人流分流和引导，通向主题入口区。

滨河公园区域以环保为核心，设计了陶瓷透水砖、下沉绿地对雨水进行收集再利用。游河两岸既考虑了游人在滨河步道的游走效果，也兼顾了游船在水面上的观赏效果。驳岸多用柳树桃花，并选用丰富的地被品种，设计了飘带形状，同时选用了各色月季，既保障驳岸固土，又增加驳岸色彩变化。

环球影城大酒店广场延续了环球广场“焰火”主题，通过材质颜色渐变结合种植岛设计了“火焰纹”广场。用巧妙的设计手法将检票人流进行有效疏导，为入住主题酒店的游客打造更丰富的视觉体验。广场种植了元宝枫、紫薇、玉兰等特色植物，使得广场既有树荫又在感官上增加层次体验。考虑到冬季观赏性，主题酒店前还设计了仿真椰子树。

环球诺金酒店的景观设计理念引用了中国皇家园林圆明园的造园手法，整个酒店景观展现了“巧于因借，精在体宜”的精髓。以中为尊，兼容并蓄，闹中取静，

图 8　环球影城大酒店广场 1

图 9　环球影城大酒店广场 2

图 10　环球影城大酒店广场 3

山环水绕，层层叠叠，得其势而避其扰。

三、工程的重点及难点

为对标全球已建成的四座影城主题乐园，项目技术团队赴大阪环球影城及上海迪士尼乐园进行实地考察。为确保环球项目的高品质呈现，我们进行针对性的技术研发与创新，大量采用新技术、新工艺、新材料，并形成了诸多专项研发成果。实施过程中，对各项工艺进行深入推敲，坚持“样板先行”，通过材料认样、效果样板、工艺样板、实体样板、综合样板、首段样板六个环节，对工艺细节进行不断验证与提升。

图 11　环球影城大酒店广场 4

项目伊始，公司与业主一起进行了大量具有前瞻性的项目策划与推演，分解任务目标，制定了科学严密的施工方案和计划，并在实施过程中进行精细化、科学化的严格管控与落实。其间，我们还克服各种困难，根据需要及时组织调配了大量优质“人机料”和分供方资源，有效地保证了项目的顺利实施，按期高品质地完成了既定任务目标，获得了各级领导的好评。

图 12　环球诺金酒店 1

四、新技术、新材料、新工艺的应用

1. 彩色混凝土的应用

在铺装图案方面，设计选用了很多中国元素，如双龙戏珠、春节焰火。为实现图案的丰富颜色，本项目大量使用彩色混凝土。为准确实现龙鳞的渐变色，在施工策划阶段

图 13　环球诺金酒店 2

图 14　环球诺金酒店 3

图 15　环球诺金酒店 4

就进行了大量实体样板推敲。针对北方彩色混凝土易裂的特性，项目组对基层到面层的胀缝和伸缩缝进行了精准测算，胀缝和伸缩缝用缓冲材料填充后，可以确保彩色混凝土图案的完整观赏性。

2. 像素化铺装的应用

旭日广场设计了火焰纹铺装，通过精确像素化预排，铺装图案呈现了较高质量的火焰纹图案。像素化铺装的优点主要有：环保，减少现场切割量；有效控制工期；造价比异型切割更低。本项目选用的像素单元为200mm×200mm 的石材，预排时同步考虑周围其他区域石材，确保对缝工整。

3. 陶瓷透水砖防返碱

度假区的滨河区域用了大面积环保的陶瓷透水砖。在施工策划阶段，针对透水砖常出现的返碱问题做了防返碱专项样板试验。通过各种防返碱材料的实体样板比对推敲，包括防返碱剂的稀释比例、防返碱剂的喷洒时间等多效果比对，最终选用一种可稀释防水乳液，喷洒于已铺设完成且扫完缝的陶瓷透水砖上，渗透至陶瓷透水砖内部产生化学反应，从而达到防

图 16　环球诺金酒店 5

图 17　环球诺金酒店 6

图 18　城市大道广场 2

返碱的目标。

4. 石材灌缝工具应用

本项目石材铺设面积大，为保障石材缝隙工艺质量，使用了专业的灌缝机器，采取灌缝工艺，使勾缝剂灌实至石材缝隙底部。灌缝机器填满后，待填缝剂达到初凝状态及时清理掉多余填缝剂，避免污染石材。过程中用自制限位工具按压，使勾缝剂深浅一致、表面光滑。同时，为防止返碱，灌缝完成后两天内禁止洒水养护。

5. 灯具基础装配化

本项目有很大一部分在广场铺装内完成灯具安装，选用了装配式灯基础，既可以有效安排施工工序，确保灯具与铺装纹理的对应关系精准，又节约了成本，规避了铺装二次破坏修补的问题。

6. 北京乡土树种应用

作为北京代表性主题度假区，本次的植物有 92% 选用了乡土树种，既能展现本地植物特色，又具有较高的生态效益，例如银杏、国槐、白蜡、柳树、白皮松、玉兰、月季等。模仿顶级群落生态，组成合理组织结构，构建较强植物群落。乡土树种不仅成活率高，还有很好的景观观赏性，对于整个度假区的可持续性运营起到很好的生态效应。

7. 乔木隐形支撑

考虑到本项目客流量大，为使各类游人在度假区更好地观感体验，本次广场铺装上的乔木均采用隐形支撑，减少路面支撑障碍，确保游人安全。隐形支撑选用侧铲式，通过加大土球底部受力面积和侧边土压实现对根部的固定作用。

8. 仿真棕榈树的应用

为了满足北方冬季的景观效果，本项目选用了部分仿真棕榈树，仿真棕榈树的树干通过真实棕榈树翻模制作而成，棕榈树树叶材料做了抗紫外线防老化处理，阻燃等级为 B1 级，符合消防要求，为度假区冬季补充营造景观氛围。

图 19　环球影城大酒店广场

图 20　滨水花园

图 21　环球地铁广场 1

9. 防火式防寒

为了满足度假区冬季游园消防安全，冬季使用的防寒材料选用了防火阻燃材料。既能满足防火要求，又能确保植物安全越冬。防寒依据植物特性、色带形状采用精细化搭建，使得度假区在冬季依然具有观赏性。

10. 环保式蜂巢固土

驳岸两侧近桥区域地形较陡，为了稳定边坡、防止水土流失，使用了环保材料的蜂巢固土方式，又为了实现设计方案驳岸飘带式地被图案，本次蜂巢规格选用了 200mm×20mm×880mm（高 × 焊口宽度 × 焊距）六边形网格，每个巢内的覆土尺寸满足栽植地被密度要求。

11. 地铁站屋顶绿化

环球广场地铁站应用了屋顶绿化技术，考虑到覆土和安全，采用了绿篱魔纹加草坪的组合式绿化方式，更加生态化处理大面积的建筑屋顶，减少热岛效应，同时将景观延伸到空中，可使外围道路、园区内主要动线在游人行进时具有更好的观赏性。

12. 灯具智能化控制

考虑到本项目既有商业场地，又有酒店场地，本次灯具采用了智能化控制，根据场地功能亮度照明自动调节节能环保。例如酒店花园区域，智能编程控制的精美灯光秀，City Walk 环球影院前的雕塑灯柱灯光秀，环球主题 LOGO 球体及周围喷泉的智能灯光秀等。

13. 智能化根部灌溉系统

为了保障硬质广场内的乔木成活率，本项目应用了智能化根部灌溉系统，在隐蔽状态下有效浇灌树木，避免了常规管线浇水影响行人观赏游玩的情况。该系统还可以探测土壤湿度，通过智能控制，根据季节、天气等因素智能补水。同时可以有效节水，节约管理成本。

14. 智能化自动喷灌系统

本项目绿地面积大，有大量的草坪色带，为了节能节水，更有效地科学管理养护绿地，本次使用了智能化自动喷灌系统，可以根据季节、天气、土壤湿度智能浇灌地被草坪。

15. 应用十六项科技成果

（1）使用 VR 技术预判园林完成形式。

（2）施工过程中使用二维码进行苗木信息管理。

（3）施工过程采用劳务实名制结合电子录入，编制工人进场信息监控数据。

（4）园区内监控全面覆盖，避免视觉盲区出现。

（5）应用了一种具有雨水收集利用功能的景观绿地。

（6）应用了一种柔性边坡生态防护系统。

（7）应用了一种模块化屋顶绿化系统。

（8）应用了园林透水路面结构。

（9）应用了一种自吸式树木根系供水系统。

（10）应用了一种用于园林苗木扶直固定的树木护筒装置。

（11）应用了一种园林养护用树木躯干涂抹装置。

（12）应用了自回旋升降喷灌装置。

（13）应用了一种屋面雨水强制循环过滤回收利用装置及方法。

图 22　环球地铁广场 2 ▼

图 23　环球地铁广场 3

图 24　环球地铁广场 4

图 25　环球地铁广场 5

（14）应用了一种沥青道路。

（15）应用了一种园林绿化用植物攀爬装置。

（16）应用了一种可循环利用的树珥构建装置及其构建树珥的方法。

项目荣誉：

本项目获 2022 年中国风景园林学会科学技术奖（园林工程奖）金奖和 2022 年北京市园林绿化行业协会科学技术奖（园林工程奖）金奖。

世博文化公园（雪野路以北）江南园林项目

——常熟古建园林股份有限公司

HISTORIC BUILDING GARDEN

设计单位：杭州园林设计院股份有限公司

施工单位：常熟古建园林股份有限公司

工程地点：上海浦东后滩滨江区域

项目工期：2020 年 11 月 7 日—2021 年 10 月 20 日

绿化面积：165896 平方米　　古建面积：1716.43 平方米

工程造价：5158 万元

本文作者：陈庆洪　常熟古建园林股份有限公司　项目负责人

薛晨卫　常熟古建园林股份有限公司　项目技术负责人

金　昊　常熟古建园林股份有限公司　施工员

图 1　湖边全景

一、工程概况

上海世博文化公园位于浦东后滩滨江区域，西北邻黄浦江，东至卢浦大桥。园内保留改造 4 个原世博会场馆，同时新建江南特色园申园、上海温室、双子山、世界花艺园、十一孔桥、月洞桥、大歌剧院、国际马术中心等设施，是一个生态自然永续、文化融合创新、市民欢聚共享的城市中心公园。申园建成于 2021 年，是上海世博文化公园中独具江南园林文化特色的园中园，着力打造八景，力求在现代时空里，营造经典的江南园林，表现江南之态，传达江南之魂（图 1~ 图 23）。

项目主体建筑玉兰馆位于园区中部偏东，坐北朝南。建筑分为前后两部分，前两进为较传统的四面围合院落，后两进多以“L”形组合，依山傍水，增加更多景观面，与环境相融合。烟雨楼四面凌空，位于玉兰馆西侧，面临小西湖，水北山南。其他景观建筑散置园中各处，宜亭宜榭，依山傍水而建。

本工程建筑安全等级为二级。主体建筑玉兰馆除多功能厅、餐厅及厨房辅助用房、厕所为钢筋混凝土框架结构，屋面为钢筋混凝土屋面，外覆装饰木基层屋面外，其余均为全木结构，连廊部分为木结构，主体建筑烟雨楼和景观建筑为全木结构。

二、工程理念

申园是独具江南园林特色的园中园，园内有醉红映霞、古柯晚渡、玉堂春满、松石泉流、曲韵天香、烟雨蓬莱、秋江落照、荷风鱼乐八景。总体规划形成北山、南湖、东园、西苑的空间布局。主要建筑集中在东部，西部更多山水和植物，视觉上更加开阔。园内水榭楼台，千回百转，畅游其中，自得其乐。登上园中的制高点一览亭，可以眺望南区的双子山。

申园完全遵守了江南园林的建筑规范，相

图 2　中园全貌

地、立基、屋宇、列架、装折、栏杆、墙垣、铺地、掇山、选石、借景，遵循的是江南古典园林营造的法则。园林崇尚道法自然，背后实则是中国人的生命哲学。造园著作《园冶》说，造园，首先是相地，相地合宜，构园得体，造园之地，山林地最胜，因山林地“自然天成之趣，不烦人事之工”。申园所取的浦东世博原址，位居黄浦江畔，卢浦大桥下，虽处于内环内，但可避城市之喧嚣；虽无山林，却有野趣。

申园将园林中的殿、厅、堂、轩、亭等分别命名为邀月堂、玉兰馆、赏心厅、烟雨楼、一览亭，这些命名借用的是江南文脉最为经典的意象。园林中的假山以太湖石垒成，太湖石“性坚而润，有嵌空、穿眼、宛转、险怪势”“惟宜植立轩堂前，或点乔松奇卉下，装治假山，罗列园林广榭中，颇多伟观也”，以其透、漏、瘦、皱的特征，唤起江南的灵性。

造园即造境，石、亭、廊构建的是一个有机的、微缩了的宇宙世界，尊崇“虽由人作，宛自天开”的“天人合一”宇宙观。古典江南园林寄托了士人“足矣乐闲，悠然护宅”“寻闲是福，知享即仙”的理想生活。古代文人士大夫将园林建于城市之中，是失意之后的退隐，筑山、理水、植物造景、营建的过程，也是一个借助重新命名，再造意义系统的过程。

本项目对古建筑木结构节点榫卯连接处采用 FRW 有机阻燃剂全覆盖喷涂工艺，使节点榫卯构件达到耐火极限，确保榫卯节点处在恶劣环境下不松动、不变形，既不影响古建筑的原貌，又可通过局部处理达到保护整体建筑的目的，是确保木结构古建筑着火后保持原状、延缓坍塌的有效措施。

同时，本项目有大面积的石板和花岗岩铺装施工，路基开挖的每道工序都达到设计及各项规范要求，包括路基夯实度、结合层的厚度及浇筑工艺，避免了局部区域下陷导致石材高低不平，从而影响整体美观。在材料进场过程

图 3　杜鹃坡

图 4　露香池

图 5　门窗工程

图 6　曲廊

中，严格把控材质和色差，做到高品质、无色差，达到预期的景观效果。

三、工程的重点及难点

江南园林主体为江南特色园，是以多种传统园林建筑和空间造景，构建成具有江南文化特色的园中园。园中建筑形式采用传统仿古建筑，地上一层，局部二层。

公园位于原世博会旧址上，在原来欧洲展区辟出了一大片建设用地，保留了原来的4个世博会场馆，分别是法国馆、俄罗斯馆、卢森堡馆和意大利馆。园内广植绿树鲜花，大片的郁金香花迎寒盛开。园中一步一景，有小桥流水、亭台楼阁、假山瀑布、九曲桥、八角亭，古朴典雅，非常具有江南园林特色。登上假山既可俯瞰园林全景，亦可远眺上海的城市风貌。

本工程点多面广，涉及专业较多，采用中式风格，使用材料材质、建筑风格、细部做法经设计、业主、监理与施工方反复论证定案及不断优化。具体的工程重难点归纳如下：

（1）施工场地位于世博文化公园江南园林项目内，给材料堆放、多个单位衔接施工造成一定的难度。

（2）工程质量要求高、工期紧，要求项目管理人员及施工人员有较高的责任心。

（3）成品保护要求高。

（4）由于工程位于世博文化公园江南园林项目内，在施工期间如何管控施工现场人员行为、人员数量、施工机具和施工材料是非常重要的。

（5）把好材料进出关，确保在施工过程中不发生由于材料、工具不合格而引发的事故，并确保材料的供应。

（6）需采用高品质木材，才能展现出木蜡油漆的效果，同时油漆需要在涂刷前把颜色调匀。本公司有专业加压设备对木材进行加压浸注（三防药水）。

（7）多个专业施工队伍共同施工，需合理地编排好施工进度计划，协调好各专业施工的交叉作业。

（8）绿色环保施工。施工中普遍采用绿色环保材料及绿色环保施工工艺，在施工中严格控制对大气和周边环境的污染，力求尽可能地减少装修对环境的影响。在施工噪声较大时，需采取相应的封闭隔离措施，减少噪声对环境的污染。

（9）木结构安装及装饰装修的量比较大，且工期紧，需要合理安排木作施工。

（10）驳岸与临水建筑的基础部分应同时施工，基础施工结束后，地坪 ±0.00 米以上部分分段施工，临水建筑先施工，驳岸部分后施工。

（11）在传统木门窗上安装中空隔热玻璃，门窗缝隙内外侧安装保温隔声皮条，以达到节能保温的效果。

（12）采用优良木材（红花梨木）进行施工，并结合公司自有木材加工厂，在加工前对木材进行干燥及预处理，防止木材开裂。

四、主要施工方法及要点

1. 屋面工程

（1）流程。放样定位→选瓦→盖基准瓦→盖底瓦→盖瓦→扫豁。

（2）放样。在两山面屋面上，首先量出开间方向前后坡度屋面的边楞中点至翼角转角处的距离，以此距离在两山面屋面上的两边，定出山面屋面的边楞底瓦中点；然后找出山面屋面檐口的中点（即山面两边楞底瓦间的中点），按三个中点钉好三个瓦口，并以这三个瓦口排瓦楞，最后将各楞盖瓦的中点平移到上端山花板底部附近。

①排瓦楞：排瓦楞的方法，无论是硬山、悬山、庑殿还是歇山相同，先以中间和两边的底瓦为标准，分别在左右两个区域内排瓦口（即放置瓦口板），如果排出的结果无法凑成整数，则应适当调整瓦口板的波峰宽的大小。

②号楞：将各楞盖瓦的中点（即瓦口木波峰的中点），平移到屋脊扎肩的灰背上，做出标记。

③挂楞线：首先按所定边楞进行铺灰，盖好两垄底瓦和一垄盖瓦，然后以边楞盖瓦楞上的“熊背”为准，在正脊、中腰、檐口等位置拴三道水平横线，作为整个屋顶瓦楞（即熊背面）的高度标准。脊上的叫“齐头线”，中腰的叫“楞线”，檐口的叫（檐口线）。如果屋坡很长不便控制盖瓦高度，则可以多栓几条水平横线。

（3）屋面盖瓦。

①选瓦：是指在铺瓦之前，对瓦的规格、尺寸、色泽进行挑选，剔除变形、翘曲、有裂纹、破损掉角、色差明显、尺寸偏差过大、火候不足的瓦件。

②盖基准瓦：是指以放样时确定的各基准瓦楞为准，再选择几处适当位置按控制“三线”铺筑几条标准瓦楞，以作为屋面高低铺筑标准，然后再盖两条两边楞的瓦。这几条基准瓦楞，就是整个盖瓦的标准点。

③盖滴水瓦、花边瓦：铺筑滴水瓦时，应

图7　会心亭

图 8　连廊

图 9　玉兰堂

图 10　南门

先在滴水瓦尖位置拉一道与“檐口线”平行的基线，滴水瓦的铺设高低和出檐以此线为准，滴水瓦出檐一般在 5 厘米左右，当位置确定后，即可铺筑底瓦砂浆、安放滴水瓦，并在瓦的尾端缺口内加钉固定。

④盖底瓦：先铺设底瓦灰浆，然后铺底瓦，底瓦叠盖间距要求搭接长度为“搭七露三”，即上下瓦要压叠 7/10，外露 3/10。底瓦与相邻底瓦之间用灰浆灌实。

⑤盖盖瓦：先铺盖花边瓦，然后从下往上盖盖瓦，盖瓦密度一般按“搭七露三”，盖亭、殿密度加大，可采用“搭八露二”。盖盖瓦也应铺设坐浆灰，以防下滑。

⑥扫瓦楞：盖瓦完成后将瓦楞内的残灰扫净。

2. 地面工程

（1）拉线、试铺：在建筑开间和进深垂直的方向以干砂铺底试排，用以确定砖的数量、缝隙大小、结合层的厚度和边砖的切割尺寸。

（2）摊铺结合层：按试铺的厚度要求，自门口开始按开间方向从外到内摊铺结合层，每次摊铺的范围不应过大，一般按单块方砖铺筑，厚度可适当高出按水平线确定的结合层厚度1~2毫米。

（3）铺筑方砖：将方砖平稳铺在结合层上，并按水平拉线的高度检查砖面水平，如发现过低、过高或倾斜，必须将砖翻起后补浆或剔除，以调整结合层厚度直至砖面和水平线齐平；再取下砖块，用油灰刀将预先调制好的桐油石灰勾在砖的侧面，然后在原位放平并在砖面铺木板，以木槌轻击木板面，使方砖平实，根据水平线用水平大尺找平，使方砖四角平整、对缝；敲击时要用力均匀，保持缝隙宽度，使方砖不致移位，对挤出砖面的桐油石灰随时铲除清理。

3. 油漆工程

（1）施工工艺

基层处理→修补腻子→满刮腻子→第一遍底漆→第二遍底漆→第一遍油漆涂刷→第二遍油漆涂刷→第三遍油漆涂刷。

（2）操作要点

①基层处理：将构件上的起皮杂物等清理干净，然后用笤帚把构件上的尘土等扫净。

②修补腻子：用配好的石膏腻子将构件破损处找平补好，腻子干燥后用砂纸将凸出处打磨平整。

③满刮腻子：用橡胶刮板横向满刮，接头处不得留槎，每一刮板最后收头时要干净利落。当满刮腻子干燥后，用砂纸将构件上的腻子残渣、斑痕等打磨、磨光，然后将构件表面清扫干净。

④第一遍底漆着色：满刮腻子，配合比和操作方法同第一遍腻子。待腻子干燥后个别地方再修补腻子，个别大的孔洞可修补石膏腻子。刷第一遍颜色底漆，彻底干燥后，用1号砂纸打磨平整并清扫干净。

图11　油漆工程

图12　木雕刻

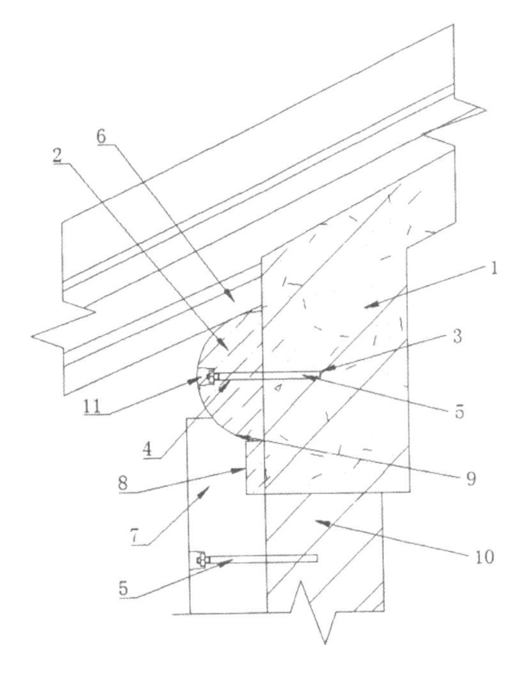

图 13　檩条木柱固定结构示意图

1—基座；2—檩条；3—螺丝孔；4—安装孔；
5—螺丝；6—木椽；7—木柱；8—放置槽；
9—垫板；10—木梁；11—原木塞

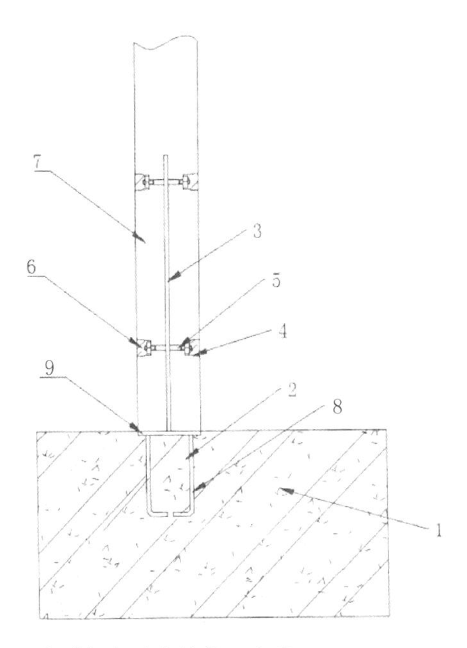

图 14　木质栏杆固定结构示意图

1—基层；2—预埋件；3—固定板；4—通孔；5—螺栓；
6—原木塞；7—木质栏杆；8—卷曲部；9—连接部

⑤第二遍涂刷底漆：第二遍可涂刷铅油，它的遮盖力较强，是罩面层的油漆基层。铅油的稠度以盖底、不流淌、不显刷痕为宜。涂刷构件宜按先左后右、先上后下、先难后易、先边后面的顺序进行，不得胡乱涂刷，以免漏涂或涂刷过厚。第一遍油漆完成后，应进行修补腻子施工。

⑥涂刷第一遍油漆：第一遍的操作方法同底漆。待油漆干燥后，可用细砂纸把构件打磨光滑并清扫干净，同时要用潮湿的布将构件擦拭一遍。

⑦涂刷第二遍油漆：第二遍的操作方法同第一遍。待油漆干燥后，可用细砂纸把构件打磨光滑并清扫干净，同时要用潮湿的布将构件擦拭一遍。

⑧涂刷第三遍油漆：此道工序可作罩面层油漆，其操作顺序同上。由于调和漆的黏度较大，涂刷时应多刷多理，以使漆膜饱满、厚薄均匀一致、不流不坠。

图 15　双照亭

图 16　赏心亭

图 17　墙角一景

图 18　假山

图 19　一览江湖亭

图 20　邀月堂

图 21　烟雨楼

图 22　屋面工程

图 23　枕瀑亭

五、新技术、新材料、新工艺的应用

（1）仿古石栏杆植筋灌浆锚固

在石材施工部分，按照公司工法（仿古石栏杆植筋灌浆锚固施工工法，江苏省级工法，工法号 JSSJGF2014-2-195）中的工艺施工，将圆铁管作为预埋件，在栏杆柱钻孔，套入预埋件内，然后进行压力灌浆，提高整体性和牢固程度，有效克服了传统石榫锚固易松动问题，提高了仿古石栏杆的使用寿命。

（2）檩条及木柱的固定结构

在木结构施工过程中，按照公司专利（一种仿古建筑的檩条及木柱的固定结构，实用新型专利，专利号：201520718672.6），在檩条和木柱一侧设置一个基座，檩条和基座通过螺丝连接，木柱上方设置有截面为半圆形的放置槽。此方法既简化了檩条及木柱的固定结构，又保证了檩条和木柱的牢固程度，加强了整体稳定性。

（3）木质栏杆固定结构

在仿古建筑栏杆施工过程中，按照公司专利（一种古建筑木质栏杆固定结构，实用新型专利，专利号：201520718606.9），在基层内设置预埋件，其预埋件包括截面形状呈两个相对设置的钩状的卷曲部和卷曲部上方的连接部。木质栏杆通过螺栓固定在有预埋件的固定板上，保证木质栏杆在使用过程中稳定牢固，明显增强了安全性能。

（4）节能保温门窗使用

在传统木门窗上安装中空隔热玻璃，门窗缝隙内外侧贴保温隔声皮条，以达到节能保温的效果。为满足建筑的节能保温要求，克服传统木结构门窗节能保温方面的缺陷，外观上符合传统门窗形制，在性能上优于传统门窗，完全满足门窗的“四性”要求。

项目荣誉：

本项目获 2022 年度上海市“白玉兰杯”优质工程奖。

江苏园博园苏韵荟谷仿古钛锌瓦装饰工程

——杭州金星铜工程有限公司

设计单位：东南大学建筑设计研究院

施工单位：杭州金星铜工程有限公司

工程地点：江苏省南京市江宁区

项目工期：2020 年 9 月—2021 年 1 月

施工规模：仿古钛锌瓦 3500 平方米

本文作者：林罗胜　杭州金星铜工程有限公司　技术总工程师

何栋强　杭州金星铜工程有限公司　古建工程师

图 1　江苏园博园苏韵荟谷全景

图 2　江苏园博园苏韵荟谷规划效果图

一、工程概况

2021 年 4 月 16 日，以“锦绣江苏、生态慧谷”为主题的第十一届江苏省园艺博览会开幕。江苏园博园从生态修复、完善城市功能、带动周边地区发展出发，努力打造将绿水青山转化为金山银山的现实载体，建起一座世界级山地花园群。

江苏园博园一期总规划面积达 3.45 平方千米。本次园艺博览会最为出彩、最具代表性之作，无疑是容纳了 13 个城市园林的苏韵荟谷。各个城市历史上最经典的园林建筑再现眼前，给人以视觉美和精神美的双重享受。再现跨越汉代至今，又具有山地和湖泊、沿海和沿运河以及都会 5 大文化区的特色园林，展现江苏文化的多样性和园林艺术的经典性。

朱炳仁铜建筑作为金属仿古建筑专家，再一次在文旅地标建筑项目中贡献匠心，完成了苏韵荟谷南京园与徐州园的金属屋面装饰。

钛锌材料被广泛应用于现代建筑，在传统建筑中的应用尚少，这是继观音法界项目后，又一次将钛锌材料赋能传统建筑，在南京园和徐州园，共完成了 3500 平方米的仿古钛锌瓦装饰（图 1~ 图 17）。

苏韵荟谷即江苏省十三城市展园，处于园博园的核心区域，由东南大学传统建筑专家陈薇教授带领团队设计，秉持“与古为新，再现精品江苏园林”的设计理念，复原了南京、无锡、常州、苏州、淮安、扬州、泰州七个城市的历史名园，并结合史料记载及诗词情境再创作了徐州、南通、连云港、盐城、镇江、宿迁六个城市的园林建筑。

13 个展园既保持整体统一，又凸显各自特色，在一张规划蓝图上根据各自城市文化背景和地域特色分成 5 个特色区域。

据悉，设计之初，陈薇教授依据古代山水画布局和场地南高北低的地形特点，提出“高远、深远、平远”的景观立意，并从各城市文化与造园艺术的特色出发，将展园划分为宁镇、徐宿、江南、淮扬及沿海五个片区。这是践行“绿水青山就是金山银山”理念的南京实践。围绕完整、全面、准确贯彻新发展理念，南京扎实推进“创新名城、美丽古都”建设，在江宁汤山全力打造文化休闲旅游新地标。

城市展园核心区南京园和徐州园，屋顶都大面积地应用了钛锌瓦。

二、工程理念

1. 南京园——华林寻芳

南京园位于城市展园的核心“宁振区”，也是展园的制高点，占地面积 12265 平方米，建筑面积 1766 平方米。

南京园的主景观以华林园和天渊池为蓝

图 3　苏韵荟谷南京园和徐州园

图 4　南京园

图 5　南京园景阳楼▼

图 6　南京园曲水流觞曲水和祓禊堂

图 7　南京园景阳楼钛锌瓦屋面系统

图 8　徐州园

本，再现了六朝时期盛极一时的金陵帝苑，中央堆砌飘渺山，形成三层叠水，西边延伸出一条曲线形的河渠连通祓禊堂。再现了中国古典园林转型期优雅的审美，让人仿佛置身于六朝时期盛极一时的金陵帝苑。

从芳踪院门厅步入南京园，首先映入眼帘的是一幢三层的楼阁——景阳楼。景阳楼是 13 个展园中规模最为宏伟的楼阁建筑，其高度 30.8 米，共有三层，登楼可尽览园区全貌。

景阳楼主体结构采用钢材为“骨”，外层包裹柚木为“肉”，屋面以钛锌瓦为“顶”，在确保消防、结构要求的同时，精美呈现皇家园林主体建筑的精巧与瑰丽。

2. 徐州园——狮山玉石

徐州园属于“五区十三园”的“徐宿区”，紧邻展园南侧崖壁。相较于南京园的六朝文化，徐州园独居“汉风”。

徐州是汉高祖刘邦故乡，古名彭城。因此徐州园以徐州云龙山汉代大型采石场遗址为创作来源，巧用“台”“石”“水”“廊”，风格独树一帜。

图9　徐州园入口

图10　徐州园连廊钛锌仿古瓦

以采石文化为立意，通过半下沉的石院、水院、廊院，层层递进，将汉代艺术的力量与气势和早期园林的朴实与浪漫相结合，力求营造一处古意盎然、雄壮浑厚的徐州园林，园中壁画生动，画龙点睛出云龙山的大美意境。

徐州园既有汉代的原始雄浑，又有早期园林的浪漫气派，营造出古意盎然、气派雄浑的风格。

三、工程的重点及难点

传统泥瓦的防渗水方法不靠泥瓦的结构来解决，而是靠水泥砂粘黏结来防渗水，一旦水泥砂开裂，就会造成漏水现象。而钛锌仿古瓦是通过可靠的材料特点和结构设计来解决渗水、漏水问题的。

在材料上，钛锌仿古瓦的韧性、刚性和耐候性远好于泥瓦，不会开裂起翘，因此可确保长时间不漏水，免维修。

在结构上，钛锌仿古瓦设有引水槽，一旦遇到斜风雨或大量降水，引水槽可顺利将水流引到底瓦上，并使其向下流出，这是泥瓦不具有的功能和结构。脊件整体无缝，用侧当勾挡住流向角脊的雨水，如有渗水也可通过侧当勾的引水槽解决。另外，底瓦采用全覆盖扣式结构，无盖瓦时就有防水性能；加上盖瓦后，则具有复合防水功能，因此具有可靠的防水结构。

四、新技术、新材料、新工艺的应用

钛锌材料是一种合金，在金属锌中加入了钛和铜熔炼而成。铜增加了合金的机械强度和硬度，钛能够改善合金的抗蠕变性，使钛锌材料具有良好的抗压能力和承载力。钛锌仿古瓦的优点如下。

（1）质量轻便，使用寿命长。钛锌材料质地轻便，1毫米钛锌板，每1平方米质量仅为7.2千克，远远低于其他传统建筑材料。且钛锌材料具有优越的耐腐蚀性和耐磨耗性，其腐蚀率约为每年1微米，1毫米厚的钛锌瓦，根据环境的不同，平均可以使用70到120年。

（2）维护成本低，具有自洁和自我修复功能。钛锌材料在空气中均能不断原位形成一种钝化保护层，对于表面瑕疵和刮痕具有自我修复功能。因此，钛锌瓦维护的成本大大降低。

（3）绿色环保，可持续发展。钛锌材料作为绿色材料，几乎可100%回收和循环利用，符合可持续发展理念。

（4）色彩天然，可长久保持。天然的浅灰色钛锌板具有特殊的光泽，与人工涂装出来的颜色截然不同，具有自然质感。从装修完成直至经过若干年的使用，一直可保持建筑物外表的美观效果。

图11　徐州园歌风亭

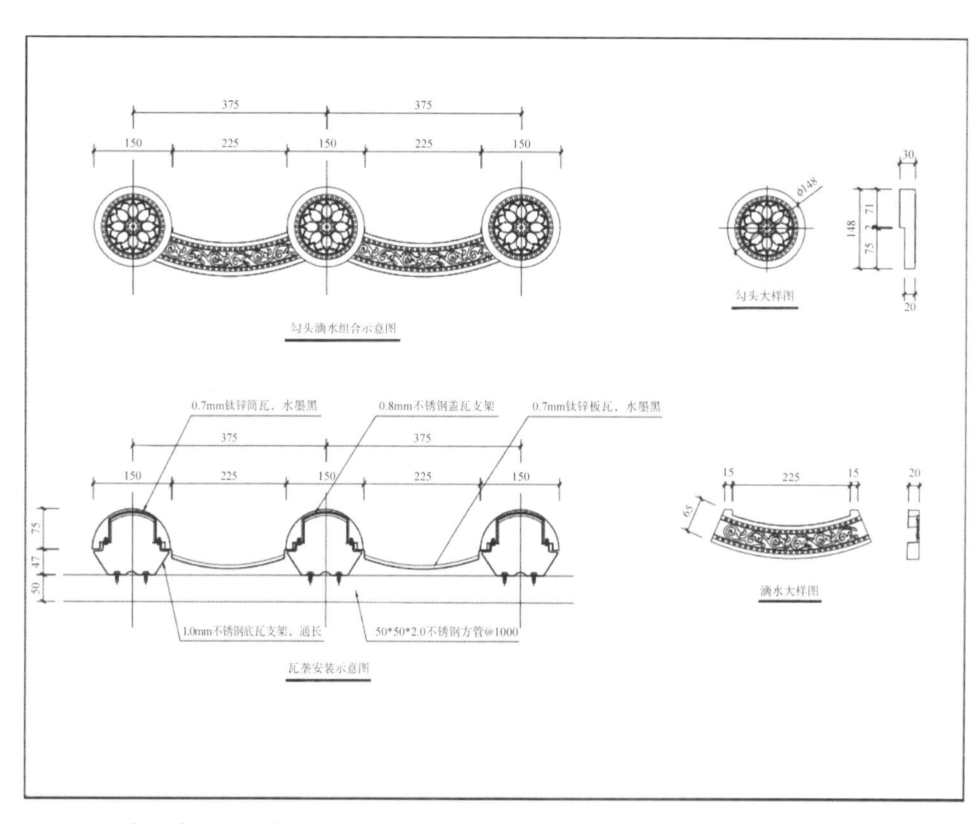

图 12　南京园景阳楼钛锌仿古瓦节点图

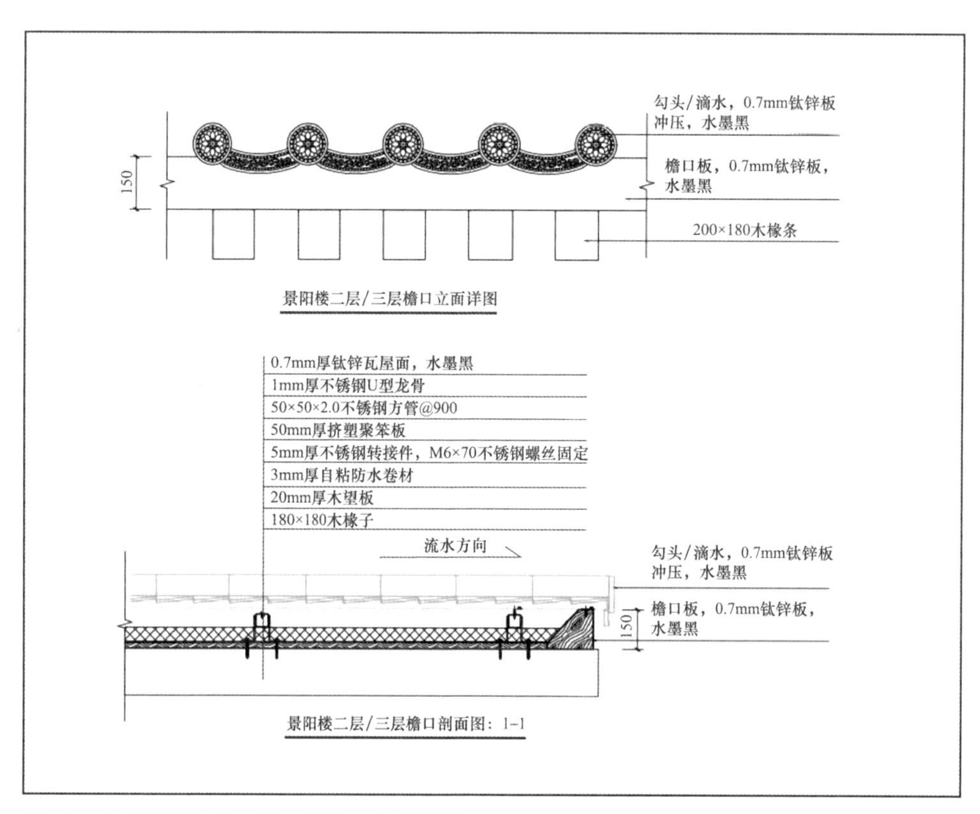

图 13　南京园景阳楼二层三层檐口立面详图

图 14　南京园景阳楼钛锌仿古瓦与柚木结构有机结合

图 15　南京园连廊钛锌仿古瓦

图 16　南京园建筑瓦当

图 17　徐州园建筑瓦当

青岛都会中心 S20 项目大区景观工程二标段

——北京顺景园林股份有限公司

设计单位：北京顺景园林股份有限公司
施工单位：北京顺景园林股份有限公司
工程地点：山东省青岛市李沧区
项目工期：2019 年 7 月 1 日—2020 年 4 月 30 日
建设规模：33536 平方米
工程造价：1891.92 万元

本文作者：杨忠伟　北京顺景园林股份有限公司　工程副总工程师
　　　　　刘志宇　北京顺景园林股份有限公司　技术副总监

图 1　都会中心入口

一、工程概况

青岛都会中心 S20 项目大区景观工程位于山东省青岛市李沧区北部，距离李沧商圈约 3.5 千米，交通方便、配套成熟。周边自然资源优越，有石梅庵风景区、卧龙山风景区，东侧依靠卧龙山，西侧可通上王埠水库。项目地块拥有着背山面水的地理形态，是融创首个在青岛落地的改善型洋房住宅（图 1~ 图 24）。

本项目是 EPC（工程项目总承包）落地项目，公司实施全过程精细管理，设计、经营、技术各个专业良好协同，在前期就为业主提供了最优的项目可控方案。

设计方面，公司设计院力图营造从建筑到景观都能含蓄地表达出自然的景色与气息，利用场地的特性创造出不同的空间感，

图 4　主水景 3

图 5　主水景 4

图 2　主水景 1

图 3　主水景 2

自由而有韵律，并通过它连接人与建筑、建筑与自然、自然与人，使其相互感应，知微见著。设计立意强调现代、轻奢以及生活气息的融入，打造汇集休闲生活场所、雅致的视觉享受、怡然自得绿色环境于一体的居住场所。

项目推进期间，各专业环节有序衔接。施工团队从施工前期就开始参与优化方案，并且严控每一处工艺细节。设计施工紧密配合，高度落实设计意图，对成本和品质双重把控，让项目最终得到了完美呈现，打造出高性价比的景观体验。

施工方面，融创与公司强强联合，集中优势资源，深入挖掘多年积累的技术资源，运用科学的施工管理方法，力图使本项目建成后充分体现舒适的居住氛围和美好的居住

图6　主水景5

环境，以达到山林绿茵的舒适生活空间的营造目的。

二、工程理念

本项目完美地借助了周围山地特色的自然景观，合理应用现有的高差明显的特点，打造一环二轴七景的项目特色空间，并且最大限度地保留和应用青岛地区的特色元素。

（1）充分利用项目东侧崂山辅脉的山体资源，打开观赏视线，让居住者在室内可以充分感受到大气磅礴的自然景观。

（2）保留原有场地高差，结合现代空间营造手法，让游园者有丰富的空间感受；并且利用高点打造观景景亭和水景源头，利用低点打造跌水水系。

图7　主水景6

（3）利用现场废弃的材料，赋予其新的生命，创造新的价值，降低了建造成本。

（4）运用生态群落原理，选用乡土树种（沼胜栎、落羽杉、早樱、水杉、雪松等），打造适宜当地环境的植物景观，使植物景观兼顾稳定性和可持续性，同时降低后期维护成本。

（5）积极运用装配式成品材料，如板岩、文化石、pc砖、耐候钢等生态环保的新材料、新工艺，创造了良好的生态价值、观赏价值、经济价值。

图8　休闲廊架1

图9　休闲廊架2

图10　休闲廊架3

三、工程的创新点

（1）大面积使用环保塑胶材料，打造贯穿小区的环形跑道以及儿童活动区。首先严控混凝土基层和强度等级，打造坚固耐久的塑胶基层；使用5cm的细石混凝土当作找平层以控制塑胶的平整度和坡度；最后使用2cm厚的HDPE彩色环保塑胶做面层形成园区的主要环路跑道和儿童活动场地。

（2）分析青岛区域的沿海气候和土壤环境后，项目确定了适宜的植物群落类型，选定了适宜的乡土植物品种。根据设计的景观意向，遵循园林绿化“适地适树”的原则，并且对种植土做了相对应的碱性平衡，增强景观的稳定性和可持续性，降低后期维护成本，保证项目长久的绿植效果。

（3）应用自有专利，结合场地条件，营造边坡生态防护系统，梳理车库顶板雨洪管理系统，以达到生态系统的多样性；通过使用太阳能灯具、自动喷管设施等设备应用降低了后期维护费，以打造节约型园林景观。

（4）废旧材料利用在水池底部，降低成本，凸显自然特色。除此之外使用较多的环保材料、成品材料，并且使用了较多的新型工艺手法，以达到景色宜人、生态优良、功能完善的综合目标，为小区业主的长久居住和体验舒适度作出贡献。

（5）项目前期使用绘图软件配合 VR 技术预判园林完成的形式，进行效果的反复推敲；施工过程采用劳务实名制结合电子录入，编制工人进场信息监控数据；园区内监控全面覆盖，避免视觉盲区的出现，力图打造智慧型园林管控模式。

图 11　宅间花园 1

图 12　宅间花园 2

图 13　宅间花园 3 ▼

四、新技术、新材料、新工艺的应用

1. 新材料的应用

（1）文化石水景立面湿贴

①通过样板确认颜色和文化石尺寸；

②精准放线定位弧形水景的位置，通过文化石大小交叉变化完成弧形湿贴；

③湿贴采用益胶泥黏结措施避免水景返碱问题。

（2）水景池底采用板岩散铺

①采用当地板岩，降低材料成本；

②板岩采用双层铺设防止池底结构外露；

③现场板岩散置，减少交叉，保障工期。

（3）无缝钢管

①无缝钢管打造廊架；

②工厂完成构件，现场装配式安装；

③缩短后序施工的等候期，保证工期。

（4）HDPE 环保塑胶的使用（环形跑道）

图 14　宅间花园 4

图 15　宅间花园 5

图 16　宅间花园 6 ▼

①严控混凝土基层和强度等级，打造坚固耐久的塑胶基层；

②使用5厘米的细石混凝土当作找平层以控制塑胶的平整度和坡度；

③使用2厘米厚的HDPE彩色环保塑胶做面层。

2. 科技成果应用

（1）应用自有专利，打造太阳能景亭顶部照明装置以及庭院灯照明装置，本发明能够有效收集太阳能用于夜间庭院的照明。“一种太阳能庭院式遮蔽照明装置”（专利号CN201410083810.8）的主要优点有实用性强、使用方便、环保节能、节约费用等。

（2）应用自有专利，在景观亭上增设可调节高度的悬吊植物栽植槽，增加了趣味性和互动性，使康复花园的使用者通过自己调节植物栽植槽的高度，在适当的位置近距离感受植物的魅力，使其更有参与感，增强园艺疗法的效果。“一种用于康复花园的景观亭”（专利号CN201811628603.0）的主要优点：通过按动按钮来实现植物栽植槽的升降，从而使疗养者能在适当的高度近距离感受植物的魅力。

（3）应用自有专利。本发明的目的在于提供一种车库顶板雨洪管理系统，以解决现有的车库顶板结构不具有存水功能的问题。“一种车库顶板雨洪管理系统”（专利号

图17　宅间花园7

图18　宅间花园8

图19　宅间花园9

图20　宅间花园10

图 21　宅间花园 11

图 22　宅间花园 12

图 23　运动步道

图 24　儿童乐园

CN201910742263.2）的主要优点：通过绿植过滤机构的水生植物吸附和净化水体，形成第一级自然过滤，并由蓄水机构储存过滤后的水体，以便循环再利用，是一种集水体收集、过滤、蓄水、再利用于一体的生态系统。

（4）应用另一种自有专利。本发明的目的在于提供本实用新型属于道路工程领域，通过混凝土板相邻拼接缝增加填充体（橡胶），以防止雨水从混凝土垫层裂缝向下渗透，降低路基的破裂速度，增加沥青路的使用耐久度。“一种沥青道路”（专利号 CN201520487330.8）的主要优点是通过橡胶应力吸收层与混凝土板块大小和形状的设计，使车辆对路面的压力得到缓冲和分散，提高了路面的使用寿命。

项目荣誉：

本项目获 2022 年中国风景园林学会科学技术奖（园林工程奖）银奖和 2022 年北京市园林绿化行业协会科学技术奖（园林工程奖）铜奖。

柳州凤凰岭大桥风雨桥铜瓦装饰工程

——杭州金星铜工程有限公司

设计单位：上海市政工程设计研究总院

施工单位：杭州金星铜工程有限公司

工程地点：广西壮族自治区柳州市凤凰岭大桥

项目工期：2021 年 7 月—2021 年 12 月

施工规模：铜瓦面积 50000 平方米

本文作者：李　闯　杭州金星铜工程有限公司　工程师
叶真雪　杭州金星铜工程有限公司　工程师

图 1　柳州凤凰岭大桥

一、工程概况

2021 年 12 月 30 日，被誉为“桥梁博物馆”的柳州，迎来了“桥梁颜值天花板”、第 22 座跨江大桥——凤凰岭大桥，凤凰岭大桥正式通车。

凤凰岭大桥西起跃进路，上跨柳江水道，东至东环大道；大桥线路全长 2310 米，主桥长 700 米，桥面为双向六车道城市主干道，设计速度 60 千米 / 小时。

凤凰岭大桥是柳州市第一座公轨两用大桥，是目前国内体量最大的跨江风雨桥，也是目前国内跨径最大的钢 - 混组合梁桥。主要由主桥、五座塔楼、桥墩及两岸引桥组成；主桥路段呈正西至正东方向布置，造型独特，整体大气，细节精致。

凤凰岭大桥建筑造型源自独具侗族民族风的风雨桥造型，大桥有五座桥亭，四边五层为歇山亭放在桥头，渐进的为六边七层的六角亭，中间最高的是八边七层的八角亭，并通过桥面两侧两条长廊贯穿，使得桥、亭、廊三者有机结合成一体，体现结构流线造型柔和美的融合。

桥塔采用单塔布置，歇山楼位于桥头渐进式六角亭，中间最高为八角亭。桥、塔、亭、廊，皆覆铜瓦。

铜瓦是这座风雨桥最亮眼的一部分，金光熠熠，气势恢宏，远远望去，雄伟壮观，实乃柳州“百里柳江 · 百里画廊”上一道古朴壮丽的风景线（图 1~ 图 17）。

二、工程理念

侗族风雨桥是中国木建筑中的艺术珍品，被称为世界十大最不可思议桥梁之一。

图 2　侗族风雨桥代表之作——广西柳州三江风雨桥▼

常规的风雨桥一般由桥、塔、亭组成，全用木材筑成，桥面铺板，两旁设栏杆、长凳，桥顶盖瓦，形成长廊式走道。塔、亭建在石桥墩上，檐角飞翘，顶有宝葫芦等装饰，因为行人过往能躲避风雨，故名风雨桥。整座建筑不用一钉一铆，全系木材凿榫衔接，横穿竖插。棚顶都盖有瓦片，凡外露的木质表面都涂有防腐桐油，所以这一座庞大的建筑物，横跨溪河，傲立河上，久经风雨，仍然坚不可摧。融贸易、旅游观光、休闲、交通于一体的风雨桥，是历史古迹和建筑艺术的完美融合，风雨桥在简洁明快的设计中充分展示了侗乡人的艺术品位，夕阳下，各种色彩与夕阳互相交映，别有一番风采。

柳州凤凰岭大桥汲取了侗族民族风的风雨桥造型精髓，每个桥墩上都有鼓楼式风雨亭，桥身庄重巍峨，如巨龙卧江、气吞山河，既突显民族文化，又体现时代特色。

图 3　柳州凤凰岭大桥造型源自侗族风雨桥

三、工程的重点及难点

常规的风雨桥长度不超过 100 米，世界上最长的传统风雨桥是三江风雨桥，总长 355 米，桥宽 16

图 4　凤凰岭大桥歇山楼、六角亭与八角亭依规律渐进▼

米。而柳州凤凰岭大桥线路全长2310米，主桥长700米，屋面施工面积超5万平方米。远超常规的尺度，带来了前所未有的材料消耗和施工难度考验，这就要求凤凰岭大桥风雨桥装饰工程必须放弃传统杉木，应用新材料完成。经过多次考察和招标，业主方最终选定朱炳仁铜建筑作为凤凰岭大桥铜装饰工程营造方。

铜材料质地稳定，耐腐蚀，在大气中还会生成氧化铜膜，防止铜进一步氧化。所以当许多同时期的木制品腐朽、铁制品早已锈迹斑斑时，铜依然性能良好。朱炳仁早在2000年杭州雷峰塔的建设中就已完成试验：以紫铜为例，1毫米铜板在自然环境下维持功能可达1265年。另一方面，铜材质便于维护，故以铜为主要装饰材料的建筑，理论上可维持千年以上。文旅地标建筑，是城市记忆的重要组成部分，使用铜材料，可以使经典建筑长久保留，成为当地共同的文化记忆。

四、新技术、新材料、新工艺的应用

1. 防雷防火抗风功能

金属建筑物的防雷是成熟的技术。如著名的艾菲尔铁塔、国内各金属电视塔等都已成功地解决了防雷问题。凤凰岭大桥铜装饰与所有铜构件均与桥身防雷装置联结。

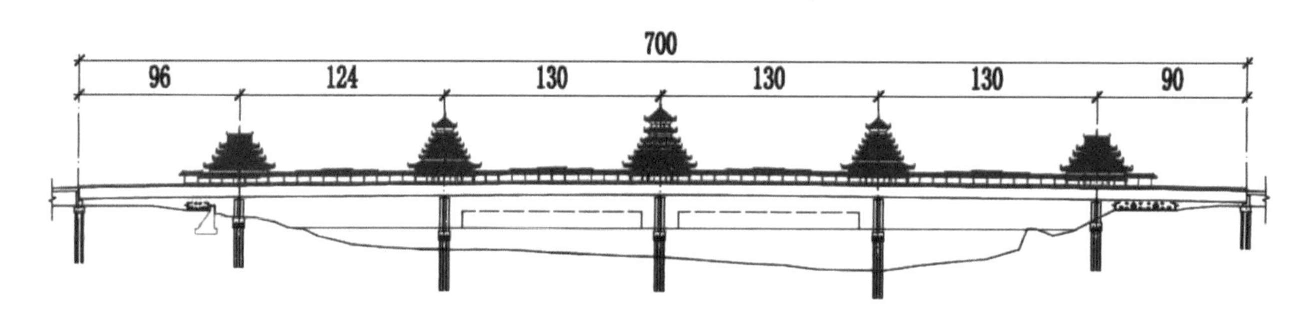

图5 广西柳州凤凰岭大桥总体布置图（单位：米）

图6 柳州凤凰岭大桥效果图

图7 建设中的广西柳州凤凰岭大桥

图 8　柳州凤凰岭大桥夜景灯光

图 9　柳州凤凰岭大桥主楼八角亭夜景

图 10　柳州凤凰岭大桥铜屋面工程安装情况

图 11　柳州凤凰岭大桥预留了轨道交通系统安装空间

铜的熔点在 1080℃以上，所以铜建筑极少毁于大火。武当山金殿始建于明永乐年间，虽经五百多年的风雨雷电的侵蚀，至今仍安然无恙。

柳州凤凰岭大桥枯水期距离江面 20 米以上，丰水期距离江面 10 米，历年最大风速 24.3 米 / 秒，江风很大，且桥下水域有很强的通航需求。因此，屋面瓦的防风防脱落要求很高。而铜瓦的抗风力达到 193 千米 / 小时，保障了屋面系统的防风安全问题。

2. 抗震环保功能

柳州凤凰岭大桥铜瓦的抗震功能主要体现在两方面。一方面，铜建筑不但有中国木建筑梁柱式的结构，而且结构轻便，又不会被虫蛀困扰，所以铜建筑的抗震性能远远超过了传统砖木建筑。另一方面，凤凰岭大桥的设计定位为轨道和公路两用桥，通车之外还预留了轨道交通的功能，更需要注意装饰屋面的抗震功能。

另外，铜是一种举世公认的绿色金属，可以 100% 被回收和循环利用，符合可持续发展的绿色建筑理念。

3. 铜屋面的制作工艺

铜瓦一般采用油压机冲压。根据板材厚度，冲压吨位各有不同。一般而言，1.2~1.5 毫米板材的铜瓦，压力吨位 100 吨左右。凤凰岭大桥铜瓦的滴水勾头采用锻打技艺，获得高精度的成品。

脊件、鸱尾、戗头的制作独具艺术性，是多种工艺的结合。

（1）退火、錾形工艺

首先对铜板进行退火处理，铜板热氧化、

图 12　柳州凤凰岭大桥铜屋面

柔化处理后，待自然冷却；然后现将创作好的图稿等比例复印，用乳胶固定在铜板上；利用各种錾子依着画稿将线图准确地錾打在铜板上；再用木槌、木拍等重新平整浮雕铜板。

（2）锻打、錾刻工艺

首先将铜板二次高温退火，在冷却之后放在锌模上开始捶打，这样，铜的柔韧性和延展性达到最佳状态。锻高浮雕的时候，更要每次都进行退火处理。如此反复多次，使得浮雕锻锤到理想高度。

接着要进行较精细的锻击，调整浮雕的席位变化和层次结构的上下关系。

最后将锻打好的浮雕背部采用塑像膏灌实，再用小錾子敲打浮雕的细部造型，逐步深入细节刻画，从整体到局部，再由局部到整体；不断调整浮雕的主次关系和形体结构，使其线型挺拔有力、结构清晰、轮廓形象惟妙惟肖。

（3）表面处理工艺

铜瓦的表面处理工艺是建筑整体效果最直观的展现，需要多种工艺配合。

在底瓦、盖瓦、滴水、勾头冲压制作完成后，各组件使用氩弧焊焊接组合成型，焊处打磨平整；先粗磨、再细磨、再用各种锉刀和砂纸打磨，进一步使形体更加清晰。使用抛光机进一步除去表面的工作痕迹，让铜表面光洁、精美。使用高压水枪对铜表面进行清洗，主要去除铜屑等杂质；使用专用溶液反复清洗，去除铜表面油污。

（4）预氧化工艺

使用特殊药水使铜表面预氧化，形成氧化物，延长使用寿命。在预氧化处理过程中，全方位等时、等量氧化，并严格控制溶液的温度、浓度等以及多层次氧化，以保证氧化后的质量和色彩的稳定性。铜瓦的表面处理是铜屋面系统的重要流程，其中的预氧化工艺更是决定屋面固色年份的关键。经过三十多年的发展，朱炳仁铜工程在铜表面着色方面独具优势，拥有多种着色工艺专利。

图 13　铜质千年，随时间变化愈发美丽

图 14　广西柳州凤凰岭大桥铜瓦的制作

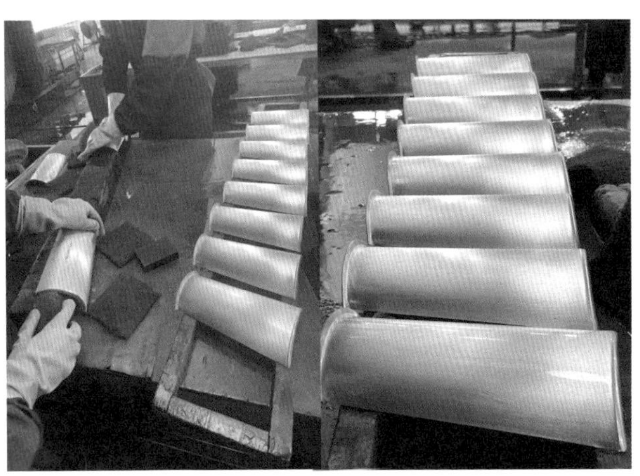

图 15　铜瓦的表面处理工艺

图 16　晨光下的柳州凤凰岭大桥

图 17　长桥卧波，一派美好景色

五、结语

长桥卧波，铜衣披身的凤凰岭大桥屹立于水面之上，粼粼波光闪耀着金色倒影，是摄影爱好者的聚集地，也是柳州新晋网红打卡地。

凤凰岭大桥的建成，将成为柳州新的“城市之门”“城市纽带”，极大地提升了城市整体景观品味，并使得城中区与柳北区的联系更为密切，对完善柳州市区交通网络、助力城市经济腾飞均有着重要意义。

闲庭锦园

——秦皇岛华文环境艺术工程有限公司

设计单位：秦皇岛华文环境艺术工程有限公司

施工单位：秦皇岛华文环境艺术工程有限公司

工程地点：秦皇岛市山海关古城东大街

项目工期：2017 年 3 月—2017 年 8 月

建设规模：10000 平方米

工程造价：1620 万元

本文作者：张爱民　秦皇岛华文环境艺术工程有限公司　艺术、工程顾问

李东皎　秦皇岛华文环境艺术工程有限公司　设计总监

图 1　闲庭一进院 1

一、工程概况

锦园位于秦皇岛市山海关古城东大街，在闻名海内的“天下第一关”城楼脚下，一处幽雅、静谧、充满墨韵书香的艺术场馆为关山古道增添了新的文化生机。

锦园总面积为10000平方米，其中园林总面积为3000平方米。锦园由两部分组成，西侧为闲庭山海关中国书法艺术馆，园林面积为1000平方米。东侧为上关闲庭书法酒店（闲庭·国家语言文字推广基地），园林面积为2000平方米。两部分一路相隔、视角独特、位置优越（图1~图20）。

图2　书法酒店内院

二、工程理念

锦，意为锦绣、壮锦，绚丽多彩，形式多样。

在园石造景上，锦园中既有南派湖石叠砌手法，又有北派黄石筑山技艺，相互独立，又相互交融，呈现多变的景观效果。

图3　锦园方胜亭

在园区建筑上，既有传统制式古建筑，又有现代轻钢玻璃建筑，两种建筑相互穿插，相互掩映，将历史和现代有机联系为一体。

传统古建的彩绘纹样与园中各种乔木、灌木呈现出绚丽多彩、锦上添花的整体氛围，营造出四季常青、时节分明的园林特色，植物有日本红枫、美国红枫、五角枫、玉兰、丁香、石榴、迎春、海棠、翠竹、景松等。

场馆艺术的开放性、包容性，加之闲庭文化活动的灵活性和多样性，保证了场馆经营的延续性和良好前景。

图4　尚古砖廊

图 5　闲庭一进院 2

三、工程的重点及难点

项目的重点是闲庭山海关中国书法艺术馆和上关闲庭书法酒店（生活馆）。

1. 闲庭山海关中国书法艺术馆

闲庭山海关中国书法艺术馆由尚古堂、尚古黑茶园、闲庭书屋三个营业门店和四进院落构成。整套建筑是和古城风格协调一致的明清式仿古庭院。据此既可远观燕山、渤海壮丽景色，又可近睹关城悠悠古

图 6　闲庭一进院冬景

图7　闲庭二进院1

图8　闲庭二进院2

韵、熙和风情。芙蕖照水，修竹吟风，飞檐画阁，长松乔木和整座灰砖黛瓦的古建筑群交织成趣，更有碑版墨迹，金石篆刻，瓦缶文玩充溢其间，流连低回令人如入翰墨文化的海洋。

“闲庭”的正门在建筑群东侧，其匾额和楹联是按浙江书法耆宿沈定庵先生的墨迹制成，其字体浑朴，意趣盎然。正门内设“尚古砖廊”，庋藏300余块铭文砖和纪年砖，这些展品是从藏家近千块东汉至民国古砖中选出的历代珍品。不同规制的砖瓦、依稀可辨的铭文，使人仿佛感受到中华民族的风雨历程。历朝古物着手摩挲，无限思古幽情油然而生。步入“尚古砖廊”，一枚枚古砖直入眼帘，它用特有书法语言传递着地域文化的信息，它如一页页史书记录着实时书法形式，它如一幅幅画卷诠释着书法历史。

“闲庭”的第一进院以九如轩、尚古黑茶园等建筑为主。庭院隔荷花池与展廊相望，松荫布地，荷香满襟，四时清景，无限生机。“九如轩”为湖北书法大家吴丈蜀先生所题，厅内陈列着以天津民国四老为主的津门书家作品，让人想见七十二沽风物，海河两岸的繁华。

二进院以明新簃和闲庭书屋等建筑为主，院

门外镌刻着清代山海关翰林李铁林手书的对联，院内多植修竹，细叶萧萧，曲径回环。东厢屋顶设见山台，坐拥“挹云轩”，登台四望，北山漂渺，南海苍茫，古城屋宇重重，迤逦不尽。台上清流环绕，花木四合，散置几榻，可供坐卧，是吟风赏月的良所。

三进院主要由“藏日月厅”和“行云流水堂”等组成。藏日月厅是全馆最大的多功能场所，宽敞明亮的空间提供了书法学术交流、讲座、笔会的一个良好场所。

四进院是整套建筑中规制最完整的院落，是会馆待客居住之所，由醉月闲云馆、雨阁和香绿轩组成。

闲庭书屋本着用书香温暖一座城的理念，在热闹喧嚣的大街，给爱书人提供一个闹中取静的交流场所，给游客提供一个休闲养心之地，给市民提供一缕文墨书香氛围。书屋的总体采用古香古色的风格，灯光全部采用最适合阅读的光源，搭配了柔和护眼的灯罩，使书屋散发出一种温馨可人的氛围。内部经营的同时，书屋还设置了室外公益书亭，在古典传统制式的建筑围护下延续爱心、传播知识、传播文化。

2. 上关闲庭书法酒店（生活馆）

艺术馆对面为闲庭书法酒店，即生活馆。

生活馆由墨栖楼、墨颐阁、唤墨厅、弄墨坊、艺术展廊区域组成。

酒店外围是设计施工的首要考虑重点，原宾馆围墙铁艺栏杆简陋，且无私密感，考虑此处是游客常经之路，遂将此处栏杆拆除改造，采用“钢构玻璃”加之斜顶古瓦的长廊形式作为艺术展廊，既作为酒店的院落隔断，又可不定时地展示中国传统文化，同时又使得酒店有了很好的私密性，可谓一举多得。

酒店的室外景观采用江南园林的布景手法，以新营造的人工微湖为中心，垒砌太湖石造景，彰显江南园林的情趣。尤以唤墨厅与墨

图 9　闲庭二进院 3 ▼

图10　闲庭三进院

图11　闲庭四进院

图12　书屋及入口

栖楼之间的林地，在啜云簃和无弦琴馆的间隙中，放眼望去，“天下第一关”城楼跃然眼前；利用此绝佳位置布置主景叠石，辅以原有的大丁香树作为陪衬，使得此处成为酒店最引人入胜的地方，同时成为留影纪念的最佳位置。

墨栖楼为酒店的客房楼，建筑为仿明清古建，采用中国传统“卍”纹样，结构非常有特色。入口匾额和楹联是由“当代草圣”林散之的哲嗣老书家林筱之先生所书。另悬清代张之洞所书匾额“静居高雅”。

我们将大堂设在“卍”字纹样中心，围绕中心，四个L形结构区域各自独立。原有建筑仅有二层的回马廊，整个大堂四壁皆空，陈旧老气，我们结合书画陈列的需求，将大堂纵向设计四处高阁书架与各区对立，加之书架间的层板光束及本色橡木的通体应用，使得整个大堂亲切、温暖、挺拔、现代。客房的明廊庭院各占一角，我们将其中两个庭院做了“钢构玻璃”进行封闭，另外两个保留了露天的形式，使之互有变化，“钢构玻璃”庭院将室内功能延续，增加实用性，通过艺术陈设营造典雅宁静的气氛。露天庭院绿意盎然，为客房窗外增添一抹生机。庭院内均采用古建材料装饰，实木花格围挡，尺二方砖拼砌……无处不与原有建筑相互呼应，特有的客房门牌采用国内当今知名“书家”斋号命名；其中陈列和装饰“书家”本人的墨迹、书籍和衍生品，使过往宾客有和“书家”亲炙之缘，为当今客房形式所不多见。

墨颐阁（上官多尔浑锅餐厅）营业面积1500平方米。餐厅装饰简洁素雅，结合古城老照片和本地书法家书写山海关的诗歌作品，勾勒出浓郁典雅的中国风。原有的建筑前方空出一处位置，我们建设成一处钢构玻璃房，

图 13　酒店主入口及展廊

图 14　展廊及对面艺术馆

图 15　上关闲庭酒店

增加了餐厅的营业面积，同时使空间明亮宽敞，高级仿木地板条砖亲切逼真，便于打理，大面积的本色橡木护墙板使空间亲近温暖，层次丰富，绿色漆面海基布成为餐厅的视觉焦点、点睛之色。分设的自助区明亮、洁净；地面采用高级比萨灰大理石烘托气氛。二层利用原有空间布置格局，局部改造成不同空间，包间的名称采用古城鼓楼的四个方位名称及古城的四个入口名称命名，古意盎然，寓意吉祥。包间装饰简洁，素雅的壁纸平铺墙面，结合书画作品的陈设，使空间凸显艺术氛围。

唤墨厅（多功能厅）为一处多功能综合性文化空间，即可容纳 140 人会议使用，又有作为艺术品展陈的宽敞空间。唤墨厅的地面采用仿木地板面砖，纹样逼真，烘托了场馆的档次和气氛，适度保留的原有彩绘天花，唤起人们的记忆，素雅的壁纸与本色的橡木护墙板提高了场馆的艺术性与实用性，中式花格的穿插设置，点亮了空间的文化精神。

弄墨坊位于唤墨厅的地下，是一处集手工艺、文化传承、体验、娱乐、休闲为一身的场所，空间简洁明快，各个作坊空间紧凑、各具特色，白色铝方通天花使空间通透，具有很强的秩序感，纹样海基布的墙面使空间有了细节体现。

图 16 墨栖楼入口园林景观

图 17　墨颐阁

图 18　锦园一角 1

图 19　锦园一角 2

图 20　无弦琴馆

四、新技术、新材料、新工艺的应用

（1）弄墨坊位于唤墨厅的地下，位置较深。改造前，地下室的墙体及地面均有不同程度的返潮现象，墙面有多处裂缝。经过商议，我们抹 6 厘米的防水砂浆，中间设镀锌网，并用防水胶封住墙体与地面的缝隙。裂缝表面预先凿成 V 字形，同时采用膨胀水泥浆高压注灌墙体裂缝，直至溢出为止。施工后没有出现再次渗透的情况，达到理想效果。

（2）利用原仿古建筑檐下盘檐造型，在其上端巧妙隐藏硅胶户外防水灯带，既保证了见光不见灯的亮化设计效果，同时使得整个建筑的檐下造型层次得以充分呈现。

（3）沿街展廊靠马路一侧采用 12 毫米专业防爆防弹玻璃，确保展廊内展品的安全。

项目荣誉：

秦皇岛山海关闲庭书法酒店获 2022 年度精选书法主题酒店、河北省首家全国五叶级中国文化主题酒店，以及第二届中国酒店品牌文化节“最具发展潜力品牌”奖，“最具投资价值品牌”奖，“最佳人文艺术酒店”奖和“最佳主题酒店”奖。

龙岗路两侧空地绿化提升项目

——安徽腾飞园林建设工程有限公司

设计单位：中国市政工程西南设计研究总院有限公司

施工单位：安徽腾飞园林建设工程有限公司

工程地点：合肥市龙岗路（裕溪路—新安江路）两侧

项目工期：2020 年 9 月 1 日—2021 年 5 月 10 日

建设规模：8.6 万平方米

工程造价：1616 万元

本文作者：吴福升　安徽腾飞园林建设工程有限公司　办公室主任

图 1　景色宜人

一、工程概况

本项目位于安徽省合肥市龙岗路（裕溪路—新安江路）两侧，绿化提升总面积8.6万平方米，包括沿线绿化带提升、节点空间营造、景观打造、照明、给排水改造及相关配套工程。本工程绿化项目区域大，施工组织、管理困难（图1~图18）。

二、工程理念

（1）作为承包施工单位，不仅应具有较高的施工工艺水平，还应具有较强的总承包管理

图2 植物景观

图3 玉叶金枝

图4 花团锦簇

图5 林木蓊郁

能力，发挥总承包管理单位的作用，组织协调好各专业工种的关系，使工程有序地进行。

（2）做到施工资源提前准备，施工作业面划分和劳动强度安排合理，施工前期准备工作组织到位。

（3）根据工程任务情况，科学制订施工总体部署，正确划分施工段，确定各工序的先后任务顺序，合理调配劳动力资源，保证材料及时供应，充分发挥施工机械的效能。同时严把质量关，杜绝质量事故的发生，杜绝返工。对于关键工序、复杂环节应发挥集体的智慧，集

中攻关，大胆决策，不影响后续工序的正常进行。

（4）施工中将总承包一体化管理的优势充分发挥出来，给予各分承包方充分的配合条件，施工人员进场后立即按照现场实际情况调整投标阶段总控计划，确定各指定分包方进出场时间，且必须保证其进出场时间，为按时竣工创造条件。

（5）确保达到合格工地标准，争创市级安全文明工地，安全生产是重中之重，必须加大安全管理力度，从各方面防止安全事故发生。项目经理部进入现场后，从施工开始必须建立专门的安全管理机构，由一名安全负责人专门负责，全面落实安全生产责任制，同时编制专项安全施工组织设计，制定安全管理措施和各项安全应急预案。落实临时用电安全制度、消防制度、对作业工人的安全教育等。

（6）文明施工管理重点抓场容建设和各项环保措施的落实，控制好噪声、扬尘、光污染、污水和垃圾对现场和周边的污染与影响，最大限度地减轻对周围居民的干扰，以施工的文明来缔造施工的安全。建筑工程施工扬尘污染防治的重点是建筑工程、拆除工程施工现场中施工作业活动产生的扬尘、堆场扬尘，及相关物料运输扬尘。加强环保降噪意识的宣传，采用有力措施控制人为的施工噪声，严格管理，最大限度地减少噪声扰民。施工现场配置相应的噪声监测装置，每月进行一次噪声监测，并设专人做噪声监测并做记录。

合理安排工程进度，尽可能使得夜间施工作业为低噪声作业（如钢筋绑扎等）。车辆低速行驶且不能鸣笛，按指挥信号灯行驶。要在施工现场设置明显的“夜间不准鸣笛”标志。夜间施工车辆离开现场后可以略微提速，途经居民区时减速慢行。

（7）严格按照国家现行规范，对使用、贮存、输送、散发有害气体的物质，必须有严密的防渗漏措施，防止泄漏、污染大气环境，施工现场各种有害气体的排放应达到国家废气排放标准。

图6　青葱的草地▼

图 7　春花怒放

图 8　树影婆娑

图 9　草长莺飞

图 10　疏影暗香

图 11　花容月貌

图 12　绿树成荫

（8）施工现场采用封闭围挡施工，施工现场围挡高度不得低于2米。围挡必须使用金属板材等硬质材料。彩钢板围挡高度不宜超过2.5米，当高度超过1.5米，宜设置斜撑，立柱间距不宜大于3.6米，上下设置槽钢压顶，槽钢与立柱之间应采用螺栓可靠连接，彩钢板下方应设置300毫米高砖砌体围挡。

三、工程的重点及难点

1. 关键控制点

（1）查明供排水、电力线缆、通信线路等地下设施准确位置。

（2）设计、监理、项目负责人到现场复核后才能开挖。

（3）不得用大型机械挖掘。

（4）开挖时发现泄漏或损伤电缆的必须立即停工保护现场。

2. 防范措施

（1）向有关部门了解施工区域市政设施分布情况。

（2）做好现场安全技术交底，指定现场安全员。

（3）对供排水、燃气、电力线缆、通信线路等地下设施做好保护措施和设立警示标识。

（4）定“施工现场抢修应急预案”，备好人员、工器具、车辆等。

3. 应急措施

（1）按“施工现场抢修应急预案”实施。

（2）报告上级。

4. 注意事项

挖出地下管线并悬空时，在进行适当的包裹后应与沟坑顶面上能承重的横梁用铁线吊起以防沉落。

（1）农忙季节、雨期对工期影响比较大，时间紧，任务重，如何确保工期是本工程难点。

图13 琪花瑶草▼

（2）根据总体工期安排，如何采取措施减少农忙季节对工程的影响，保证合理、足够数量的劳动力投入，相对延长有效的施工时间较为重要。在农忙季节，劳动力供求出现矛盾，此阶段以安排机械化作业程度高的项目施工为主，并对其他受劳力影响的工程项目进行作业时间调整，保证正常施工。

（3）据本工程设计图纸及现场情况特点，充分考虑各专业工序之间的时间及空间上的衔接关系，为突出不同时间及空间上的关键工作，便于施工的部署、管理，将工程划分施工阶段。在结构施工阶段，增加施工工作面，分区采取流水作业，进行穿插水、电施工以及相关安装工程的施工，不能出现停工或窝工现象，加强后勤保障及材料供应，避免停工待料。

（4）在结构工程施工过程中，有条件地进行穿插水、电施工以及相关安装工程的施工，周密计划、流水作业，不能出现停工或窝工现象。

（5）园建、绿化工程是本项目的关键，如何安排好园建、绿化工程工程的施工，涉及整个工程的进度和质量，因此要投入针对有效且足够的施工机械、人力及运输设备，确保工程质量和进度。

（6）针对施工工作，尽量增加工作面，应用网络技术，合理安排施工顺序，抓住关键线路。如遇特殊情况不能按网络计划实施，可加大投入施工设备、人力、周转材料，并增加施工工作面，确保工期的实现。

（7）密切注意天气预报，在台风来临前做好相应防护及应急措施。

四、新技术、新材料、新工艺的应用

1. 新技术

（1）全站仪测量新技术的应用

①数据处理的快速与准确性。全站仪自身带有数据处理系统，可以快速而准确地为空间数据进行处理，计算出放样点的方位角与该点到测站点

图14　园林休憩

图15　郁郁葱葱

图 16　树绿荫浓

图 17　生机勃勃

的距离。

②定方位角的快捷性。全站仪能根据输入点的坐标值计算出放样点的方位角，并能显示目前镜头方向与计算方位角的差值，只要将这个差值调为 0，就定下了要放样点的方向，然后就可以进行测距定位。

③测距的自动与快速。全站仪能够自动读出距离数值，只要将棱镜对准全站仪的镜头，全站仪便可很快读出实测的距离，同时比较自动计算出的理论数据，并在屏幕上显示出两者的差值，从而可以判断棱镜应向哪个方向移动多少距离。到显示的距离差值为 0 时，表明那时棱镜所在的位置就是要放样点的实际位置。由于全站仪体积小、质量轻且灵活方便，较少受到地形限制，且不易受处界因素的影响，只要合理保护全站仪，即使在复杂的自然条件下也可以照常工作。由于所有的计算由全站仪自动完成，所以放线过程中不会受到参与者个人的主观影响。现场拟定坐标测量出现建筑物的轮廓和具体位置，在大型厂房、车库、球场等改造或扩建前，需要对原有建筑物轮廓或墙柱等位置进行准确测量，可以利用全站仪，在现场拟定坐标后利用无棱镜精确测量原有建筑物各个部位的点，可以准确绘出原有建筑物。实践证明，全站仪能够在高大工程施工中精确放线，提高工作效率，减少仪器的误差。全站仪的角度测量里自动扫描消除了以前光学仪器读盘分划误差和偏心误差。同时还减少了移动测站所产生的误差，基本上架一次仪器，全站仪就可以完成整个测量任务。

（2）遇水膨胀止水胶

遇水膨胀止水胶是一种单组分、无溶剂、遇水膨胀的聚氨酯类无定型膏状体，用于密封结构接缝和钢筋、管、线等周围的渗漏。它具有双重密封止水功能，当水进入接缝时，它可以利用橡胶的弹性和遇水膨胀体积增大，达到填塞缝隙、止水作用。

2. 新材料

（1）使用混凝土养护剂

使用混凝土养护剂，在混凝土浇筑好、拆模后直接涂刷在混凝土的表面形成一个封闭型的保护膜，起到养护效果。混凝土养护剂又叫作混凝土防护剂、混凝土养护液，是一种新型高分子材料，也是适应性非常广泛的液体成膜化合物。该产品亲水、无毒、不燃，使用方便，将养护剂喷涂在混凝土或砂浆表面，能迅速形成一层无色、不透水的薄膜，可阻止混凝土或砂浆中的水分蒸发，减少混凝土收缩和龟裂。

（2）树笼子的应用

乔灌木根部灌水器在根部区域内范围内分层灌水，有效改善根部的通气状况，为根部的健康生长提供最佳水、气环境。树笼子由一系列的内置折流板组成，将水输送到需要的位置。

3. 新工艺

（1）加大树穴。使用挖掘机和人工相结合的办法挖树穴，既提高工作效率，又加大了树穴的蓄水能力，提高苗木的抗旱能力。

（2）地膜覆盖。冬季和初春季节，在苗木栽植完毕、灌两遍透水后，即时封穴，并用地膜覆盖树穴，既提高地温，又减少根部水分蒸发，减少了植物由于生理性干旱所造成的死亡，可有效提高苗木成活率。

（3）设置风障。在易受冻害的苗木北侧设置风障可有效降低苗木的冻害和风干，提高苗木成活率。

图 18　春和景明

（4）树干保护。旱季，在对树干用湿草绳缠绕后，外面再覆一层地膜，既保湿，又保温，可有效提高苗木成活率。

（5）夏季遮阴。许多新栽苗木容易被风干，从而造成死亡，采取遮阴措施可有效降低新生枝条叶片温度，提高苗木成活率。

（6）泵送混凝土施工工艺可以有效提高混凝土的浇筑速度，利用大块竹胶板模板施工，拼接少、速度快、加固简便，提高了生产效率，加快了施工进度。利用大块竹胶板模板施工，部分构件可达到清水混凝土效果，可以取消粉刷层，不但有利于降低成本，工期也相应缩短。

融钜·上尚城小区园林景观工程

——金庐生态建设有限公司

设计单位：金庐生态建设有限公司

施工单位：金庐生态建设有限公司

工程地点：吉安县城北新区二七路与振化路交会处（庐陵学校旁）

项目工期：2019 年 8 月 23 日—2020 年 12 月 18 日

建设规模：47000 平方米

工程造价：1979 万元

本文作者：袁　强　金庐生态建设有限公司　副总经理

刘留香　金庐生态建设有限公司　工程师

图 1　俯视小区中央绿地

一、工程概况

融钜·上尚城小区园林景观工程位于吉安县城北新区二七路与振华路交会处（庐陵学校旁），工程内容包括景墙、廊架、台阶、花坛、水景、园路及广场、铺装、绿化工程、照明亮化工程、给排水工程等。苗木种植大多采用南方树种，种类繁多，乔木主要有香樟、造型罗汉松、丛生朴树、银杏、栾树、紫玉兰、三角梅、晚樱、红枫、垂丝海棠、榆叶梅、花石榴、紫薇、鸡爪槭、红梅、腊梅等36个品种，灌木有红叶石楠球、大叶黄杨球、龟甲冬青球、金森女贞球等14个品种（图1~图22）。

二、工程理念

为了让居住区景观充分体现“现代江南园林风格”，设计将“大自然搬回家”的理念注入其中——利用急、缓、落、错的造型使建筑与地面关系达到密不可分的效果；另外，巧妙的植物造景犹如设置在建筑物之间一道自然的屏风，使得小区入口景观更具引导性，路口交叉更显从容自然，宅间距更大，季相变化更为丰富多彩。身处如此绚丽多彩的景致之中，总有赏不尽、品不完的感觉。依照最自然的“树叶脉络”营造园区景观体系，充分把握建筑与自然、树木、人、地面的关系，通过大环境、中环境、小环境、微环境四大层面的景观空间进行诠释与表达，达到定位“现代江南园林风格”的居住区景观效果。

三、工程的重点及难点

该项目施工范围广、工期紧、居住区建筑密度大、绿地结构比较复杂，在植物配置上也灵活多变。一方面绿地面积相对少，限制了绿量的扩大；但另一方面，建筑又创造了更多的再生空间，为主体绿化奠定了基础。由此，利用居住区外高中低的结构特点，低层建筑可实行屋顶绿化，山墙、围墙可垂直绿化，小路和活动场所可用棚架绿化，阳台可以摆放花木等，以提高生态效益和景观质量。

在栽种苗木时铺设盲管、陶粒等轻质材料，确保雨水能快速有效排出去，避免因积水造成树木根部腐烂及细菌滋生，确保植物健康生长，为呈现精致的植物景观奠定了基础。

图2　鸟瞰小区入口景观

图3　入口多道景墙与周边景观完美结合

图4　一侧景墙与植物多元素的组合

该地区土壤黏度过大、不透水透气，采用土壤透气改良和加砂等方式来改善土壤，使之透水透气。种植大规格乔木时，采用放透气管的方法，管内填满珍珠岩，改善植物根部透气性。

1. 绿化适地适树

（1）居住小区房屋建设时，对原有土壤破坏极大，建筑垃圾就地掩埋，土壤状况进一步恶化，因此选择耐贫瘠、抗性强、管理粗放的乡土树种为主，结合种植速生树种，保证种植成活率，及早成景。

（2）根据住宅小区绿化部位及功能需要，选择合适的树种，居住区道路绿化树种要求冠幅大、枝叶密、深根性、耐修剪，要有一定高度的分枝点，侧枝不影响过往车辆，并具有整齐美观的形象；落果要少，无飞毛、无毒、无刺、无味；发芽要早，落叶晚，并且落叶整齐，如银杏、槐树等；病虫害也要少。居住区组团级道路，一般以自行车和行人为主，绿化与建筑关系较为密切，绿化多采用开花灌木，如丁香、紫薇、木槿等。总之，居住区绿地应以现代园林自然式造园手法为主，充分发挥园林绿化植物的防尘、防风、隔声、降温、改善小气候的作用，利用植物材料改善环境的综合功能，力求通过植物的个性形体、色彩变换、季相转换来营造层次丰富、接近自然的植物景观。

2. 苗木选择讲究精益求精

（1）植物造景是该项目的重要内容，建设人员利用植物丰

图5　特色水池造景

图 6　仿古优雅颇具时尚感的艺术廊架

图 7　路曲坡缓绿意盎然

富的品种、规格造就了高低错落、季相变化明显的景观，给人以强烈的节奏感，同时也进一步弱化了建筑带来的压抑感，实现建筑、景观与人的和谐统一，尽显舒适、生动、活泼、宁静的自然氛围。

（2）高品质的植物景观势必在单株植物的选择及植物配置上有更高的要求。在植物选择上，建设人员花费了大量时间、精力，与专家一起前往金华、上海、余杭等地寻找苗源、挑选苗木，最终确定每个组团的骨干苗木，再根据各组团骨干苗木品种、规格、数量进行选购，确保关键节点真正做到“一树一景”。树坛里种植的苗木要求姿态、高度、树杆直径、分叉、冠幅全部一致。苗源非常难找，最后通过巧妙、适度地修剪才使栽种苗木达到这一高标准。为此，公司事先储备了一批经过精心造型处理的树桩及高档造景树，使其在该项目上得以完美体现。不仅如此，在关键节点还配置了罗汉松、红枫及鸡爪槭，使小区整体景观档次得到了显著提升，实现了让居住区置于充满自然情趣的现代江南园林中的目标。

3. 工程施工关键技术

在施工过程中严格控制好以下几个节点：首先把握好隐蔽工程，隐蔽工程的施工质量是衡量施工单位技术力量的

图 8　树形优美的乔木

图 9　绿地中的雕塑

图 10　植物组团形象独特

图 11　绿化整齐、造型丰富

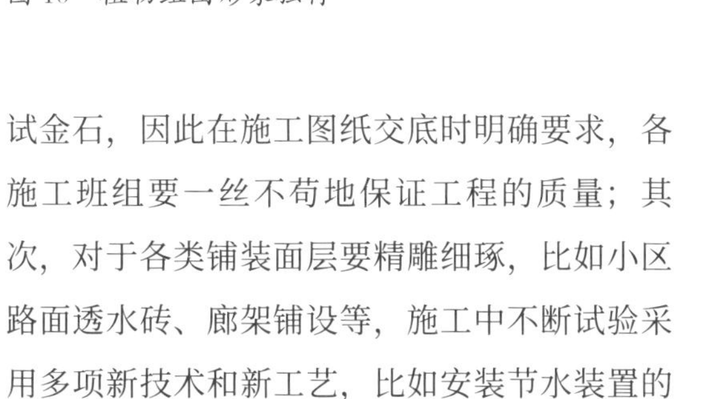

试金石，因此在施工图纸交底时明确要求，各施工班组要一丝不苟地保证工程的质量；其次，对于各类铺装面层要精雕细琢，比如小区路面透水砖、廊架铺设等，施工中不断试验采用多项新技术和新工艺，比如安装节水装置的自动浇灌系统。

四、新技术、新材料、新工艺的应用

1. 项目施工中使用专利技术

（1）因工地面积大又邻近市区及居民区，降尘及洒水作业每天最少两次。为了有效解决现技术中洒水的喷洒范围小、喷洒效果差、作业不方便问题，现有的敞口作业装置不能变换结构，使用起来不方便的问题，公司应用了相关专利“一种新型环保市政道路洒水作业设备”（专利号为：2018101181746），通过机架上设有敞口作业装置，利用滑口使作业更方便。

（2）本工程点多线长面广，施工难度大。为了解决现有技术的卷线装置结构笨重，并且不方便手动操作问题，公司应用的相关专利是“一种结构合理，手动即可操作的卷线装置进行排线”（专利号为：2018100805456），解决

图 12　曲径通幽

图 13　花团锦簇的组团形成小区主体的景观体系

图 14　别致的路灯与丰富的植物融为一体

图 15　建筑门前配以简洁草坪，周边茂盛的大乔木围绕着

图 16　建筑与园林完美结合，营造绿色生态生活环境

图 17　住宅门前的植物配置

图 18　小区一角错落的植物搭配

图 19　小区南门入口一侧景墙

了因场地面积大排线不规则，容易造成卷线、折线等情况，同时改变多人同时作业费劳力情况。

（3）铺装新技术

铺装材料主要采用生态透水材料，解决砖块不通透水的问题。由于透水砖独特的结构特点，可以及时将雨水渗透到地面，及时补充地下水。当地面空气干燥时，透水砖又可将水分蒸发出来，做到调节空气湿度的效果。建筑垃圾大部分都为混凝土碎块等，十分适合做透水砖的原材料，能够减少城市垃圾的污染和堆放，又可做成砖，充分体现了可持续利用的方针，具有显著的经济效益和市场前景。

（4）雨水回收利用新工艺

雨水回收利用技术是指在施工过程中将雨水收集后，经过雨水渗蓄、沉淀等处理，集中存放，用于施工现场部分绿化苗木的浇水以及混凝土试块养护用水。

图 20　小区南门入口景观树列

图 21　小区儿童足球场

图 22　小区儿童游乐场

2. 施工中使用的新型材料

（1）保水剂

保水剂是一种吸水能力特别强的功能高分子材料，无毒无害，可反复释水、吸水，因此农业上人们把它比喻成微型水库。同时它还能吸收肥料、农药，并缓慢释放，增加肥效、药效，广泛用于农业、林业、园艺建筑材料等方面。

（2）抗蒸腾防护剂

抗蒸腾防护剂主要在农业、园艺、林业等领域在持续干旱的情况下施用，可有效抑制树体水分蒸发，尤其在反季节性树木移栽时，是提高成活率不可或缺的重要辅助措施。抗蒸腾防护剂是环保型生态材料，具有高分子网状结构，其分子间隙具有透气性，能够保证植物的正常呼吸与通气。在植物枝干于叶面表层形成超薄透光的保护膜，有效抑制植物体内水分过度蒸腾，最大限度地降低因移植、干旱及风蚀造成的枝叶损伤，提高植物成活率，降低人工养护成本。

（3）透水软管

软式透水管是一种具有侧滤透（排）水作用的新型管材，具有满足工程设计要求的耐压能力，对地质无特殊要求。透水软管的外层为麻丝纤维，中衬螺旋钢丝，内层为无纺布。

项目荣誉：

本项目获2021年中国风景园林学会科学技术奖（园林工程奖）。

安徽省淮北市杜集区重点采煤沉陷区朔西湖环境治理项目（一期）EPC 总承包

——杭州市园林绿化股份有限公司

设计单位：杭州园林设计院股份有限公司

施工单位：杭州市园林绿化股份有限公司

工程地点：安徽省淮北市杜集区

项目工期：2019 年 12 月—2021 年 4 月

绿化面积：579000 平方米

本文作者：于会莲　杭州市园林绿化股份有限公司　工程师

王　曦　杭州市园林绿化股份有限公司　工程师

余晓霞　杭州市园林绿化股份有限公司　工程师

图 1　朔西湖主体建筑

一、工程概况

朔西湖位于淮北市东北部，因地处朔里镇正西，故名朔西湖，为淮北矿业集团朔里煤矿采煤沉陷形成的大面积水面，总面积220公顷。朔西湖是落实淮北市中国碳谷·绿金淮北战略的重要载体，是“一带双城三青山，六湖九河十八湾”特色风貌的重要内容，是淮北绿金科创大走廊的重要节点。

本工程为安徽省淮北市杜集区重点采煤沉陷区朔西湖环境治理项目（一期）EPC总承包，属于矿区生态修复治理工程。主要内容包括南入口及西入口，浅层塌陷区及水体治理，绿化种植，湿地风貌区、广场铺装，园区内道路、新建建筑、桥梁建设，朔西楼及其他公共小品配套设施的建设（图1~图21）。

二、工程理念

淮北市拥有悠久的历史文化，“因煤而建、缘煤而兴”，在探索中转型是淮北最典型的特征。项目一期作为朔西湖首先建设并开放的区域，不仅需要承接

图2　鸟瞰1

图3　鸟瞰2

图4　鸟瞰3 ▼

图 5　鸟瞰 4

规划中朔西湖的生态保育功能，还应当对淮北的矿城历史和采煤沉陷区治理的示范性进行表达。因此以形象展示与景观营造相结合、生态修复与休闲活动相结合、文化表达与互动体验相结合的设计理念进行设计。

根据总体分区，一期为“城市形象展示区”。主要方向为展现矿城转型发展、高铁新城风貌、城市新区形象。因此，一期定位为以自然湖水、农田为基底，采煤沉陷修复为内涵，丰富的休闲活动为特色，兼具文化展示和生态修复功能的城市形象展示片区，以“打造城市门户、撬动新区发展”为目标，功能上兼顾文化展示、形象示范、市民休闲、生态修复。

1. 以人为本、以水为魂

南入口作为朔西湖的主要入口，重点承担多种配套功能。南入口新建游客服务中心和主题餐厅，满足游客基本需求。游客中心前广场为大气的形象广场。游客中心北侧为主题餐厅，其位置极佳，可观赏湖面景色。南入口区最北端将现状水塘打通，成为较大的水面，栽植大片荷花，既可营造特色植物景观，也是“深改湖，浅造田，不深不浅种藕莲”的淮北采煤沉陷区改造先进经验的典型示范。水面一侧设计有石栈道和景观亭，成为湖面点睛焦点。入口广场西侧借助现有林下场地有停车场，满足游客停车需求。

图 6　绿化 1

2. 寻梅赏景、独特风情

梅堤以市花梅花为主题，主要种植白梅和

红梅，打造梅花堤景色。梅堤端头打造小片梅花林，并在绿化带较宽处点缀梅花。局部植物较为紧密，可观赏两侧水面景色。堤口设有景观亭廊和有标识性的小品雕塑，以突出梅堤主题。冬季早春时节，相约梅堤，踏梅寻访，体验独特郊外风情。

3. 钟灵毓秀、物华天宝

朔西岛区以建筑为主，围绕朔西楼新增朔西茶室等建筑，室外景观将朔西楼内的展示功能向外延伸，形成以多层次展示为主的主题片区。室外展示内容包括借助建筑之间连接廊道形成的展示廊和通过景墙、场景人物雕塑形成的展示园。区域周边的水上部分现状还存有半沉在水中的民居建筑和植物，以及农民通过水面拉网的形式标记的自有土地范围，这些都展现了采煤沉陷后对于城市和居民的影响，展示了采煤工业留在这片土地的印记。

三、工程的重点及难点

1. 苗木采购

本工程设计的苗木品种数量多达300多种，采购任务比较艰巨，为了尽量在适宜季节栽植苗木，项目部寻找多家拥有多种苗木规格品种的苗木供应商，保证严格按照本工程施工图纸对苗木的要求选购苗木。为了保证采购苗木的质量，公司组织专门的材料员按工程要求的规格、数量、质量逐一选苗，原则上采用皖北地区、苏北地区和山东的苗木，减少运输时间和成本。因大多不是本地苗，每次大树种植时需要带客土种植，提高乔木的成活率。

2. 建设与修复一体化

由于采煤塌陷地不同，朔西湖园区内常年积水，且沉陷区趋于稳定，因此采用湿地复垦的方式来进行建设，借助大水面和人工复垦湿地打

图7　绿化2▼

造为生态旅游用地。保留原有景观加以改造的生态修复理念，蓄木成林，保留现状树木，增加乔木灌木种类，未来可发展为更广阔的林地。连塘成湖，利用基地内散布的鱼塘串联整合，与主湖面融为一体，利于水循环。堆岛成景，挖湖的土就近叠堆生态小岛，结合现状滩涂，可营造生境丰富的空间层次。

图 8　绿化 3

3. 改善矿山生态环境

治理项目包括生态治理、水体治理、水系疏通、栈桥道路修建、岸线生态治理，营造湿地浅滩自然生态景观，提升湿地植被覆盖率，合理开展地形改造和水系连通，形成环状水道，调整配置本土植物。通过采煤沉陷区治理项目的实施，以健康养生为主题，坚持山水林田湖草是一个生命共同体的理念，打造绿色生态环保的新模式。

图 9　绿化 4

4. 音乐喷泉，人文特色

朔西湖音乐喷泉，全长 168 米，宽 36 米，呈长方形，采用漂浮技术，整体设施可随水位的涨落自动升降，并以 S 形数码喷泉和气爆喷泉为主体，有淮北雄心、淮北歌谣、千手观音、龙腾九天等千变万化的造型，中心喷高可达 108 米，配合水幕投影、激光秀，

图 10　园路 1

图 11　园路 2

图 12　园路 3

图 13　园路 4

图 14　建筑

图 15　水体 1

图 16　水体 2

图 18　亭

图 17　水体 3

图 19　景观桥

图 20　广场

图 21　木栈道

将水、火、光完美地结合在一起，带来震撼的视觉体验。项目摒弃了繁琐的手动控制模式，使用自主研发的全新数码编控技术，可让喷泉自动变化，伴着舒适的古典曲目、欢快的现代歌曲和动听的音乐，展现出一幅幅动人的画卷。它是声、光、水、电的完美融合，是现代科技的象征，更是淮北人文特色的美好体现。

四、新技术、新材料、新工艺的应用

1. 土壤改良

本工程种植区域多为强风化岩及贫瘠土壤，不能完全满足植物的生长需要，项目有机质含量大于 40%，其具有疏松透气、保水、保肥的特性，能有效改善土壤团粒结构，土壤理化性质得到了改善，促进了植物生长，提高了植物成活率。

2. 优新植物

本项目的优新植物主要运用在组团和花境布置中，品种有泽泻慈姑、河滩冬青、冬青“中国少女”、矮生无刺枸骨等十余种优新植物，主要布置在节点，不仅表现花卉自然组合的群体美，还可展示花卉本身特有的自然美。

项目荣誉：

本项目获 2021 年度杭州市园林绿化工程安全文明施工标准化工地。

岭南新世界大区隧道及下沉广场项目

——朗迪景观建造（深圳）有限公司

设计单位：广州普邦园林股份有限公司

施工单位：朗迪景观建造（深圳）有限公司

工程地点：广东省广州市白云区百顺南路

项目工期：2019 年 7 月 2 日—2020 年 10 月 12 日

建设规模：占地约 3 万平方米，园林绿化面积 18300 平方米

工程造价：1066.86 万元

本文作者：钟少强　朗迪景观建造（深圳）有限公司　项目经理

黄伟芬　朗迪景观建造（深圳）有限公司　技术负责人

李肇江　朗迪景观建造（深圳）有限公司　生产经理

图 1　岭南新世界中轴线之云门远景

一、工程概况

岭南新世界大区隧道及下沉广场项目园林景观绿化工程位于广州市白云区百顺南路，属于岭南新世界中轴线的一部分。岭南新世界中轴线园林景观绿化占地约12万平方米，本标段占地约3万平方米，工程范围包括绿化、园建、水电等专业，分为公交车站、隧道、中心公园（下沉广场）三个部分，种植乔灌木211株，种植地被植物5835平方米，园林绿化面积约18300平方米。其中，公交站园林景观绿化面积为7900平方米（硬景面积5947平方米，绿化面积1950平方米）；1#~6#隧道园林景观绿化面积1100平方米（硬景面积800平方米，绿化面积300平方米）；中心公园即下沉广场园林景观绿化面积为9300平方米（硬景面积6925平方米，绿化面积1989平方米，水景面积365平方米）（图1~图23）。

图2　岭南新世界中轴线夜景

图3　公交车站平台实景

图4　公交车站通道实景

图5　岭南新世界中轴线公交车站实景

图 6　公交车站内部站台实景

图 7　岭南新世界中轴线下沉广场一角

二、项目理念

新世界打造了众多广为人知的地标性建筑。岭南新世界是广州第一个生态互动的人本主义综合体社区，规划 200 万平方米建筑群落，打造 8 万 ~10 万人的生态圈，成为全功能、高品质人居“标杆”，为当地理想人居生活提供了新范本。新世界践行“予城新蕴”的承诺，融汇艺术文化与绿色生态，建造让人健康幸福的空间；活化街道和社区，更新城市整体形象，促进地域再生；凭借敏锐洞察和独到远见，引领科技、商业、人文与艺术的发展。新世界统筹考量基础设施、生活配套、运营管理等因素，将“园林、教育、商场、艺术、人文”五大城市元素融入项目建设，赋能项目城市价值。

新世界巧妙地采用天桥、门廊、隧道等隐形动线连接，使得各个组团间功能上保持一致，感受上界限分明，但在视觉上又呈现整片区域的连续性。

本项目注重绿色自然的品质人居建设，在绿化元素和生态元素的设计方面，通过不同绿化平台、绿化庭院空间和垂直连接等，串联起不同地块的绿化空间。在寸土寸金的广州中心区，新世界建设了占地 12 万平方米、长度超过 1 千米的中轴线，形同枢纽，气势非凡。璀璨的中轴线美景推窗即览，下楼即享有融合艺术与自然于一体的中央公园

图 8　隧道口石材铺装实景

图 9　四通八达的桥面（平台）

图 10　开放的公众健身空间实景

图 11　下沉广场融合文化和商业等多种元素

图 12　园林植物覆盖下的体育场所实景

及园林，春夏秋冬，变幻瑰丽的秘境体验；通过隧道及下沉广场，无缝连接社区，总体上形成人与人、人与社区之间的美善、友好相处，共同建设一个有温度、有灵魂的社区文化，树立了以人为本、崇尚自然的典范。

图 13　云门 New Park 夜景

图 14　下沉广场极具烟火气的社区市集

图 15　明珠——家门口随处感受艺术气息

图 16　下沉广场花云之门荣获国际设计奖

三、工程的重点、难点及对策

1. 跨专业的综合性

园林绿化涉及建筑、市政、环境、农林业等许多领域，综合性很强。园建多为钢筋混凝土结构，结合防水工程，还涉及焊接、吊装等特种作业；机电涉及管道、喷淋、水泵、灯具安装。装饰工程涉及石材干挂、地面铺装等。要掌握本地区适合种植的植物种类及对应的影响因素，还要安全使用农药等。因而在施工的过程中，也存在很大的不确定因素，需要专业技术人员分析原因，排除障碍，合理组织施工，最终保证整体项目的成果。这就要求我们具有稳定的施工队伍，配备足够的管理力量，有突击能力，能够集中资源办大事。

2. 组织施工的复杂性

园林绿化往往处于整个项目进展的后期，一旦中标，就要立即开始施工。要在很短时间内进场施工，几乎没有策划的余地，如果准备工作不足，就会影响施工的顺利进行。首先，要加强施工安全管理。项目施工的最后阶段，参与的施工单位较多，施工安全管理问题就尤为突出，必须足够重视。如规划行车路线，安全技术交底，特殊工种持证上岗等。其次，要加强专业间的配合。在工程后期，与土建、机电、精装饰的配合等是比较突出的问题。这主要表现在工作面（或工序）移交不及时，施工场地不足，会导致园林绿化无法连续施工，也加大了园林绿化的施工成本。第三，加强环境保护。确保土方无污染并应检测，其结果符合种植土标准；应按规定检验铺装石材满足放射性要术；植物属无限制的种类，进口植物应符合检疫标准。另外，施工过程的噪声控制，施工垃圾（废弃物）的处理，农药的使用与管理，也应符合环保要求。

3. 设计与施工的结合

重视设计和施工的紧密结合，就能充分挖掘各方面的技术与物资的潜力，最大限度地发挥综合优势，从而使产品能够体现出最佳的功能与效益。园林绿化的复杂性，决定了在全过程中必须重视各个环节的协调发展与整体进步，要树立一个完整的产品观念，通过设计与施工紧密结合，实现管理上智力密集、发挥技术上的全面优势，在统一目标之下，做到技术成套、措施综合、行动协调、效果全面。专业技术人员既要懂得施工，也要懂得设计，理解设计意图，做好设计与施工的结合，以保证工程顺利进行并获得良好的经济效益和社会效益。

4. 注重细节处理

园林绿化工程管理过程中，包含许多分项工程，只有保证每个分项质量达标，才能确保整个园林工程质量达标。要预先对质量验收工作进行策划，注重细节处理，对施工现场进行监督检查，严格按照施工规范操作，提高工程质量。

5. 加强工序验收工作

在园林绿化工程施工中，每道施工工序实行严格检查验收，验收合格后方可开展下道工序的施工作业，避免问题堆积，杜绝质量安全隐患。此外，在竣工验收环节，要先做好工程

图 17　花坛点缀下沉广场实景

资料的全面收集和整理，并按照资料文件内容核对施工内容，做好质量检查验收工作，尤其要加强水电管道、植被栽植施工的质量验收，促进园林景观植物的健康生长，提升园林观赏性和艺术性。

图 18　广场成为散步休闲好去处

图 19　繁华都市中的幽静社区

图 20　典型的植物造型实景

图 21　中轴线与社区无缝连接实景

四、新技术、新材料、新工艺应用

1. 项目管理软件

项目管理软件 Primavera 6，是集项目进度计划编制、动态控制、资源管理和费用控制于一体的综合性管理软件，其应用体现了企业的综合管理水平，在外资项目中，同三

图 22　叠水——岭南新世界瑰丽园林

图 23　中轴线之云门远景

维设计一样，是争取获得项目不可缺少的基本条件。实际应用显示，对于工期超过 1 年的大型园林绿化项目，利用 Primavera 6 项目管理软件，在挣值管理及信息反馈方面，能够帮助项目经理尤其是高层管理者及早发现问题并做出相应调整，从而保证项目能在进度和预算内完成各项活动。但 Primavera 6 项目管理软件要求各部门的共同协作，其推广应用有一定局限性。

2. 工程测量技术

随着 GPS 测量技术的发展，工程测量的作业方法发生了历史性的变革。利用 GPS RTK 卫星定位放线，减少了各专业交叉施工的影响，特别是解决了通视问题，提高了效率，保证了工程质量。园林绿化施工在建设过程的后期，施工过程中的干扰及影响很多，用传统方法测量放线费力费时，而作为测量手段，GPS RTK 有明显优势，值得推广，但需留意复杂环境下的信号影响。

3. BIM 建筑信息模型

在项目管理实践中，可利用 BIM 建筑信息模型，进行深化设计，对有关的装饰工程进行排版，还可以充分应用虚拟建造成果，让虚拟成果和生产实践紧密结合，结合 BIM 模型召开生产例会，对施工中提出的技术难点问题，通过 BIM 模型进行三维交底，这使得项目管理的效率得以大幅度提升。

4. 透水砖的应用

防滑性能差的光面路面板（砖）已被淘汰，透水砖大量应用于公园铺地和城市园林绿化之中，这有利于园林工程新技术的创新，还在一定程度上推动了城市建设的发展，但其缺点是不能承载重车的荷载。

5. 大树移植

大树移植是一项关键技术。要提高大树移植的成活率，目前大多依靠积累的技术经验，采取一系列综合措施，大到含水率的控制，小到树木的朝向。而在实际工作中，由于情况变化太多，且有条件限制，一些措施难以实施。为此，需要在总结实际经验的基础上，联合大专院校的专家学者，就如何提高大树移植成活率进行研究。

湾头特色小镇产业遗址公园

——扬州意匠轩园林古建筑营造股份有限公司

HISTORIC BUILDING GARDEN

设计单位：扬州意匠轩设计研究院有限公司、中铁第五勘查设计院集团有限公司

施工单位：扬州意匠轩园林古建筑营造股份有限公司

工程地点：江苏省扬州市广陵区湾头镇

项目工期：2020 年 7 月—2020 年 12 月

建设规模：22400 平方米

工程造价：1600 万元

本文作者：梁安邦　扬州意匠轩园林古建筑营造股份有限公司　设计负责人

蔡伟胜　扬州意匠轩园林古建筑营造股份有限公司　建筑设计师

武　玲　扬州意匠轩园林古建筑营造股份有限公司　园林设计师

韩婷婷　扬州意匠轩园林古建筑营造股份有限公司　园林设计师

梁宝富　扬州意匠轩园林古建筑营造股份有限公司　规划设计师

图 1　杉林小溪 1

一、工程概况

湾头特色小镇产业遗址公园位于江苏省扬州市广陵区湾头镇。湾头古称“茱萸湾”，是隋唐古运河由此向南进入扬州十三道湾的第一道湾，由此得名。隋炀帝、清康熙帝、乾隆帝多次下扬州，均由茱萸湾入境，并留有行宫。唐代诗人刘长卿留下了“半逻莺满树，新年人独远。落花逐流水，共到茱萸湾”的著名诗句，俗语“上扬州拢湾头”自古流传千年。

新时期发展背景下的湾头镇是江广融合区、江淮生态大走廊的重要节点，具有明显的区位与文化优势；此外，扬州是我国玉器的主要加工聚集区之一，湾头镇则是扬州唯一的玉器加工工艺基地，具有明显的产业优势。

湾头特色小镇产业遗址公园位于古运河与京杭运河交汇处，原为20世纪50年代所建的江扬造船厂办公区。尊重场地历史，传承场地记忆，保护场地特色，发扬场地精神，以“保护为主、适度改造、恢复生态、合理利用”为原则，对其进行改造利用，主要以工业遗址公园的特性进

图2　湾头特色小镇上位规划平面图

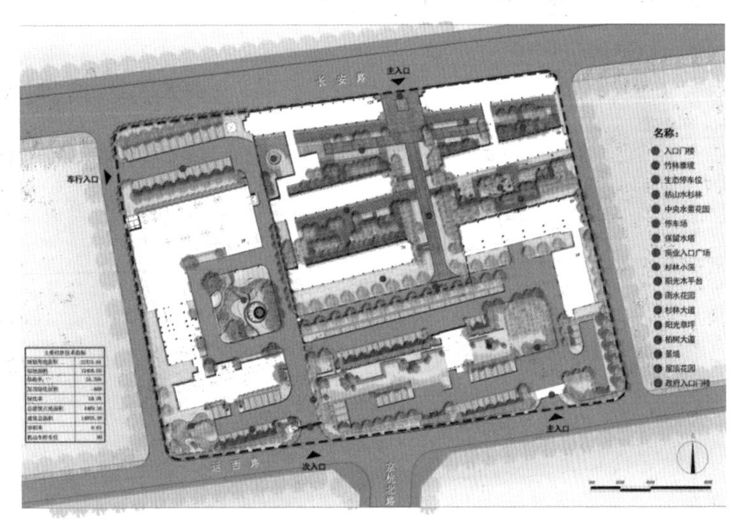

图3　遗址公园总平面图

图 4　遗址公园鸟瞰效果图

图 5　节点设计——柏树大道

行规划定位，担负工业遗存展示、城市更新、活化利用、环保海绵建设、新技术新工艺展示基地的功能（图 1~ 图 21）。

二、工程理念

湾头特色小镇产业遗址公园地块具有浓厚的文化与时代特征，因此对厂区的再利用具有极大的文化效益。

对老旧厂区的改造与活化运用，既可合理利用现有资源，节约集约土地，节省建设费用，也可使地块重新焕发活力，吸引新兴企业、产业入驻园区，带动湾头镇的经济发展，具有积极的社会效益。

设计与实施过程中，坚持以“保留、保护为主，适度改造，恢复生态，合理利用”为辅，通过海绵城市理念的融入，系统性建设下凹绿地、生态植草沟、雨水花园等生态场地，打造了以工业遗址展示和生态修复展示为主的遗址公园，具有良好的生态效益。

三、工程的重点及难点

项目的环境基础条件较差，绿化面积较小，植物生长无序。景观更新过程中，保留原有生长良好的水杉林，增加体现季相变化的乡土树种，打造丰富有层次的绿化空间。地块东北部设计自然溪流与雨水花园，搭配架空的木平台，打造生态、舒适的水杉林下空间。西部中央花园保留原有雪松、柏树以及海棠，搭配跌水水景、弧形汀步与卵石，打造氛围感十足的小花园。地块内留存有 13 栋建筑和一栋水塔，其中一栋配套设施用房老化严重，予以拆除，其余 12 栋建筑均进行改造再利用。地块内现存建筑为红砖建筑，红砖旧瓦是园区建筑空间最大的艺术与历史价值。因此，我们在本次规划设计中，最大限度地保留原有的建筑立面材料，还原建筑风貌，重新焕发园区活力。

公园的更新本着“修旧如旧”的

图 6　节点设计——杉林小溪

图 7　节点设计——入口

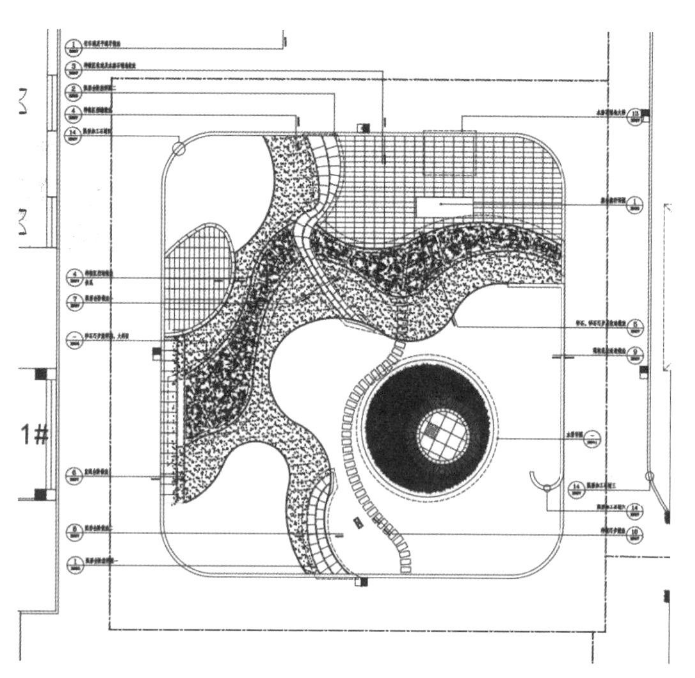

图 8　中央水景花园平面图

图 9　中央水景花园

图 10　中央水景花园夜景

图 11　北入口景观 1

图 12　北入口景观 2

理念，因地制宜地运用了新材料与新技术。在整个规划与景观改造中，总体考虑海绵城市技术的相关措施。建筑加固及改造过程中使用了钢结构、竹木地板等新材料，尽量减少对原有生境的破坏，使整体氛围相对和谐统一。

除此之外，对园区内现有排水、供电、燃气等管道综合系统进行优化提升，同时增加亮化部分，营造符合整体氛围的夜晚色彩，在古运河畔打造了一颗熠熠生辉的夜明珠。

四、新技术、新材料、新工艺的应用

本次公园的更新，以旧风貌与工艺的传承利用为创新点，因地制宜地运用了新材料与新技术。

图 13　南主入口

（1）修旧如旧，传承与创新

产业遗址公园于 20 世纪 50 年代建设，具有浓厚的历史与文化特征，我们在“修旧如旧，传承与创新”的理念基础上，充分利用旧材料，保留原有植被，创新使用新工艺新手法，并且在项目实施期间由设计师驻场，随时定样，最大程度上保持原有风貌与原有环境氛围，保留遗址公园的艺术与历史价值，达到传承与创新的和谐共生。

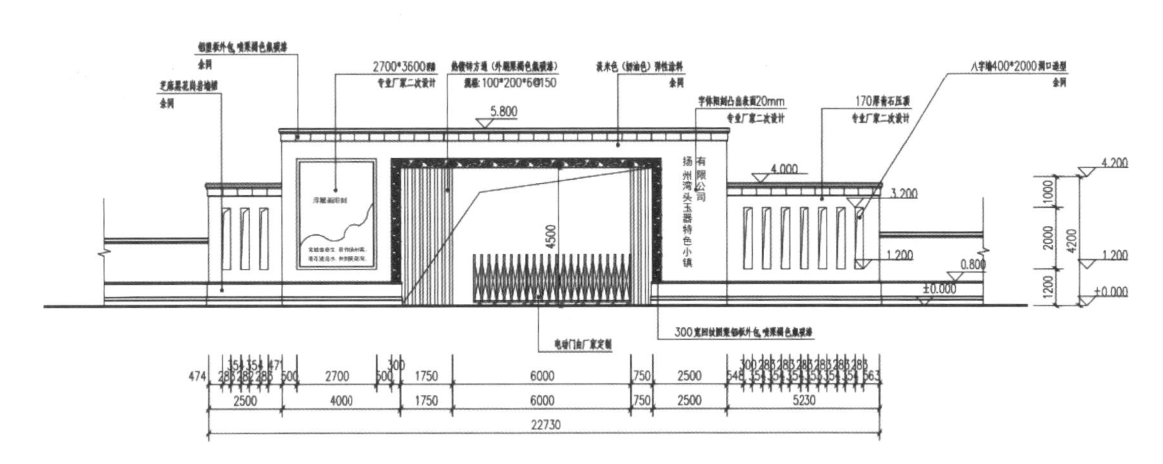

图 14　南次入口门楼立面图

图 15　保留杉林

图 16　保留水塔

图 17　保留柏树大道

图 18　保留建筑及增加钢楼梯构架

图 19　植物造景 1

图 20　植物造景 2

图 21　植物造景 3

（2）海绵城市理念应用

在规划与景观改造中，总体考虑海绵城市技术的相关措施，采用透水铺装、透水路面，如彩色透水混凝土、生态停车场等；设计下凹绿地、植草沟等生态储水滤水设施；尽可能保留原有植物、路网与空间结构，实现低影响开发；充分考虑立体绿化空间，如屋顶花园、垂直绿化等。

（3）新材料的应用

公园内机动车道及消防道路均采用彩色透水混凝土，既能满足耐久坚固的要求，又能满足景观效果。彩色透水混凝土是一种观念创新的新型材料，用粗骨料表面包裹一层浆料，相互黏结成蜂窝状，能让雨水渗入地下，有效消除地面上的油类化合物对环境的污染及危害。其特点是高透水性、高承载力、良好的装饰效果、易维护性、抗冻融性、耐用性、高散热性。建筑加固及改造过程中使用了钢结构、竹木地板等新材料，尽量减少对原有生境的破坏，使整体氛围相对和谐统一。

（4）新工艺的运用

公园内休闲广场的石材铺设采用新工艺——胶贴和干挂的施工工艺，其特点是基层使用钢骨架，用不锈钢挂件与石材相连，从而有效地避免了传统工艺因溢浆产生斑驳、返碱现象，提高了整体美观效果。

项目荣誉：本项目获2022年度江苏省风景园林协会优秀风景园林设计三等奖。

流花湖公园景点设施完善工程

——广州市园林建设有限公司

HISTORIC BUILDING GARDEN

设计单位：广州园林建筑规划设计研究总院
施工单位：广州市园林建设有限公司
工程地点：广州市流花湖公园
项目工期：2019 年 4 月 23 日—2021 年 6 月 16 日
建设规模：34000 平方米
工程造价：2161 万元

本文作者：洪淑媛　广州市园林建设有限公司　高级工程师
关　杰　广州市园林建设有限公司　工程师
麦志衡　广州市园林建设有限公司　高级工程师

图 1　春园入口花镜

一、工程概况

本工程位于广州市流花路流花湖公园内，改造面积约为34000平方米，包括流花湖榕荫入口及管理楼改造、绿岛餐厅改造、春园景区环境升级改造、流花舞厅建筑及室内升级改造、落羽松林景区沿湖平台整治、绿茵花韵景区升级改造、宝象乐园环境改造、艇部改造、公园东南片景区，属大型园林工程，含园林建筑施工及园林绿化、给排水、电气照明、防雷施工（图1~图11）。

二、工程理念

工程除保留原有的蓄水防洪功能外，计划将流花湖公园打造成集游览、娱乐、休憩功能为一体的大型综合性公园。

景观定位——传承岭南园林特色，城市绿色开放空间。

功能定位——大众休闲，文化展览。

服务人群——以婴幼儿、老人和周边市民为主。

三、工程的重点及难点

本工程在保障工期及施工质量方面，通过以下措施，确保工程优质、按期完成。

（1）抓紧落实施工前的准备工作，保证工程在最短的时间内顺利开工，按已审定的各项施工方案组织施工，充分发挥公司的管理和技术优势，强化科学的计划管

图2　春园亭

图3　宝象乐园儿童游乐中心——入口花池布置

图4　宝象乐园儿童游乐中心——攀爬设置

理，对每道工序的施工做到施工之前科学分析、施工中严格控制、施工后按标准检查。

（2）做好工程量统计，明确完工节点要求，倒排工期，做好赶工计划，增加资源投入，优化资源配置。

（3）严格执行奖罚条例，充分调动工人的积极性，合理安排工人作息，在确保安全与质量的前提下，加班完成剩余工作。

（4）密切关注气象情况，做好高温天气下作业的防暑降温措施，落实雨季施工的防护措施，以及雷雨汛期季节恶劣天气的应急准备，最大限度地减少因天气因素对工期的影响。

（5）做好赶工过程的安全保护工作。赶工时短期工人投入增加，工作强度大，人员精神紧张，容易因疏忽发生安全事故。因此必须确保安全管理标准不能降低，保证安全资源投入，消除安全隐患，杜绝事故发生。

（6）做好赶工时期剩余工作的质量管理监控，不能因为赶工而降低质量标准，避免因返工返修造成工期延误。

（7）严格按照工程质量要求进行施工，从项目负责人到施工作业人员，都必须贯彻质量优先的思想，并以此为本项目施工的指导思想。

（8）根据质量目标，建立质量保证体系和管理体系，制定工程质量管理制度，编制施工技术保证措施、各分项工程质量保证措施及消除质量通病保证措施，确立为确保工程质量所采取的检测

图 5　宝象乐园儿童游乐中心

图 6　新建流花棋院

图 7　新建景观廊

试验手段、措施。

（9）安排熟练的施工工人投入到本项目中，从生产源头保证工程的质量。

（10）完整有效的质量管理体系及高素质管理人员同样是工程质量的保证，为此公司借鉴以往大型工程施工中行之有效的质量管理体系，应用在本项目中，并安排有经验、有能力的技术、质量人员组成本项目的管理班子，在管理上确保了本项目的工程质量。

（11）确保使用材料质量。公司在长期合作、有信誉、有质量保证的厂家中购买优质施工材料，从材料上满足质量的要求。

图 8　苏铁园

图 9　直堤艇部

四、新技术、新材料、新工艺的应用

1. 采用拉森Ⅳ型单排钢板围堰

本工程的建设用地大部分属于沿湖区域，其中湖水最高水位水深约 2 米，淤泥层深约 1 米，因此需进行围堰处理。围堰钢板插入泥土层约 1.5 米，露出水面 0.5 米，因此采用拉森Ⅳ型 15.5 毫米厚、高约 9 米单排钢板围堰。

2. 透水沥青混凝土的使用

透水混凝土也被称作多孔混凝土、间断级配混凝土、开放孔隙混凝土或过滤混凝土，是指在制备过程中，通过减少或避免使用细集料，形成具有内部连通孔隙微观结构的一种混凝土，是一种具有高渗水功能的新型生态环保材料。

使用透水混凝土后，对公园的建设使用有着明显的改善。

（1）在降雨期间，通过分散雨水的流向，减小公园排水管道的工作负荷并有效避免局部区域积水。

（2）雨水通过透水混凝土向基层和土壤中渗透，可补

图 10　游乐场艇部

图 11　水磨石座凳

充所在地区的地下水位，具有环境保护和调节水资源可持续发展的作用。

（3）透水混凝土对雨水的就地渗透，一方面可在渗透的过程中对雨水产生净化效应，另一方面还可有效避免雨水与可污染物或被污染水体的接触，避免二次污染，更好地保护地下水、维护生态平衡。

（4）降雨过程中渗透至透水混凝土基层和土壤中的水分，在晴天的时候可以部分蒸发出来，可降低城市的热岛效应。

（5）透水混凝土路面可降低并吸收行车噪音，减小声污染，这对于公园周边的工作和居住环境具有重要意义。同时，透水混凝土拥有系列色彩配方，配合设计创意，可针对不同环境和个性要求的装饰风格进行铺设施工。这是传统铺装和一般透水砖不能实现的特殊铺装材料。

3. 施工管理各项软件的应用

（1）采用项目计划管理软件，编制工程进度计划，并对施工进度进行跟踪管理，确保关键工序。并根据现场实际情况，对网络计划及时做出调整，保证施工工期达到预期目标。

（2）采用项目成本管理软件，对施工进行综合管理。

（3）使用财务软件，通过使用计算机进行财务处理，减少信息处理时间，使项目和总部对项目财务状况有详细的了解。

项目荣誉：

本项目获 2022 年广东省风景园林与生态景观协会科学技术奖园林工程（施工类）银奖。

环东海域新城美峰科创公园绿化景观工程

——江西绿巨人生态环境股份有限公司

HISTORIC BUILDING GARDEN

设计单位：厦门宏旭达园林环境有限公司
施工单位：江西绿巨人生态环境股份有限公司
工程地点：厦门市同安区
项目工期：2019年4月18日—2021年11月15日
建设规模：282400平方米
工程造价：8244.30万元

本文作者：傅志国　江西绿巨人生态环境股份有限公司　项目经理
傅志茹　江西绿巨人生态环境股份有限公司　副经理
刘哲文　江西绿巨人生态环境股份有限公司　总监

图1　湖光山色，绿草青青

一、工程概况

环东海域新城美峰科创公园绿化景观工程，位于福建省厦门市同安区环东海域美峰组团，用地以商业、办公为主。美峰科创公园所在地属南亚热带海洋性季风气候，全年温湿多雨，四季温和。作为美峰生态廊道的点睛之笔，充分考虑其空间效果，并结合海绵技术措施，满足海绵城市指标和目标。工程综合现状建筑风格、交通及人流需求、水文等多方因素，通过“连接”“塑造”“激活”等设计策略，最终打造成集生态、艺术、互动为一体的花园式商务办公场所（图 1~ 图 22）。

二、工程理念

1. 连接

通过填补水库角落区域形成集散广场，二层增设架空栈桥，连接 BRT 站点与内部办公区域，提高公共交通出行人群的可达性和便捷性，避免人群通过外部绕行，解决出行不便的难题，增强园区内外的交通联系。

2. 塑造

（1）因园区二层为架空层顶板，绿化空间及条件不足，造成园区休闲空间缺乏，设计在满足行洪要求前提下，通过扩展一层景观面

图 2　银色铺装、草坪、绿树组合成一幅清新的画面

图 3　绿树红花，风景如画

积，构建环湖步道，加强建筑组团之间的互通性，拓展园区公共空间，为园区办公人群提供释放压力的好去处。

（2）在环湖步道两侧布置观景平台，聚集视线于入口建筑，突出重点，在水库中心设置景观喷泉、弧形天桥，整体形成圆形，与焦点建筑呼应，强化形象轴线。

图 4　湖水好像要奔向远处的山脉

3. 激活

（1）融入互动装置，水车、踩水自行车等，增加景观互动性。

（2）现状水库岸线曲折，很多小角落水动力不足，在相应区域设置喷泉、跌水、生态湿地等激活水动力，同时有利于水环境的安全。

三、工程的重点及难点

1. 工程重点

此项工程最大的技术重点是海绵城市雨水花园的施工。雨水花园建设过程中应合理选址，基础建筑应保持与雨水花园边线最少 2.4 米的距离。如果距离过小，基础建筑被侵蚀概率较高。同时要避开低洼地势、供水设施，因为雨水大量聚集会影响植物健康生长，还会滋生细菌。因此，应选择平坦地带建设雨水花园，尽量在阳面选址，避开大树

图 5　错落有致的设计，让整个景色更加亮丽

遮挡的阴面。

雨水花园建造期间，应全面检测土壤渗透性。砂土和砂质土壤砂比较适合建造雨水花园，如果遇到渗水性比较差的土壤，也可以采取局部土壤处理。应根据当地的具体情况来确定雨水花园的平面形式，注意长和宽的比例大于 3∶2 时，才能够更好地发挥雨水花园的性能和作用。在配置植物时，应根据雨水花园功能及植物的生长环境，选择适合的植物种类，提高所选植物环境适应性及功能性。

雨水花园在保护和还原城市微型生态系统上起到很大的作用，也在很大程度上实现了园林艺术和技术的有效结合。雨水花园不但具备蓄水、调节水循环的功能，而且还能够成为良好的园林景观，从根本上响应了建设绿色城市、生态城市和园林城市的理念，在实现我国新型城镇化和城市生态环境的可持续发展等方面具有深远意义。

2. 工程难点

（1）海绵设施工程中的雨水花园工程和雨水湿地工程，不仅要滞留与渗透雨水，同时也起到净化水质的作用。由于要去除雨水中的污染物质，因此在土壤配比、植物选择以及底层结构上需要精细设计和

图 6　花坛像一艘帆船在广场上航行

图 7　浓密的雪花木像铺了一层厚厚的雪

图 8　精品松在干净宽广的广场上显得更加挺拔

图 9　生态水草、湖泊，在喧闹的城市更显宁静与美好

图 10　景观钢架桥

精细施工。

（2）对水库的硬质驳岸要有生态化和艺术化的处理，还要考虑枯水期效果，同时要对驳岸进出水口位置适度装饰，做到尽可能隐蔽。

（3）根据景观水位及最低水位，廊架节点设置多层梯级挡墙，分层营建不同的水深，为水生植物的种植创造有利条件。

四、新技术、新材料、新工艺的应用

环东海域新城美峰科创公园绿化景观工程考虑了收集周边道路的雨水，通过彩色透水混凝土、高边坡防护技术、下凹式绿地、雨水湿地工程、雨水花园工程、植草沟工程等新材料、新工艺、新技术合理运用，使公园不仅绿意盎然，而且保留了足够的雨水蓄滞空间，发挥了生态净水与城市排水防洪的重要功能。在植草沟、下沉式绿地的施工过程中，施工人员结合实际情况，对施工方法和顺序进行了调整，减少了投入却大大增强了场地的“海绵”功能。此工程建成后对环境改善、造福人民具有显著作用，并取得显著的社会、经济和生态效益。

此外，公司拥有的自有技术专利“一种用于生态建设的截污装置及其施工方法”（专利号 ZL 2017 1 0647886.2）、“一种高效的生活污水处理装置”（专利号 ZL 2018 2 0920283.5）、“一种土壤治理水分测量装置”（专利号 ZL 2018 2 0913522.4）、“一种园林高效可调节割草机”

图 11　特色休息廊亭

图 12　建筑物旁的绿植，不但没有违和感，反而异常协调

图 13　蜿蜒的美景，仿佛没有尽头

图 14　高楼大厦在茂密的树林中若隐若现

图 16　一排排水杉，在骄阳下昂首挺胸

图 15　环湖彩色步道

图 17　精细的道路施工铺装，展现不一样的视觉效果

图 18　走累了，远处的森林是否要让我歇歇脚

图 19　枝繁叶茂，郁郁葱葱

图 20　彩色沥青小道，绿树成荫

图 21　停车片刻都能感受窗外的美景

图 22　两棵高大的树像守护神一样

(专利号 ZL 2016 2 0767201.9)、“一种电动草坪平整机”(专利号 ZL 2016 2 0162778.7) 在工程施工及植物的养护工程中起到了良好的作用，提高了绿化养护的质量和工作效率，减轻了劳动强度，节约了劳动力成本。

项目荣誉：
本项目获江西省园林绿化优质工程金奖。

水富市“美丽县城”建设项目（绿化、亮化）工程设计施工总承包（EPC）第一标段

——成都环美园林生态股份有限公司

设计单位：四川环美工程设计有限公司
施工单位：成都环美园林生态股份有限公司
工程地点：昭通市水富市境内
项目工期：2019年12月13日—2020年10月30日
建设规模：约16万平方米
工程造价：15500万元
本文作者：李高飞　成都环美生态股份有限公司　项目经理

图1　三江口公园1

一、工程概况

水富市“美丽县城”建设项目位于昭通市水富市境内，在云南省的东北端，金沙江与横江河汇合的夹角地带。水富市东临横江河，北濒金沙江，与四川省宜宾、屏山隔江相望，南与盐津县毗邻，西与绥江县接壤，是川滇往来之要冲，素有“云南北大门”之称，面积439.8平方千米，人口约10万人。属于热带季风气候，四季分明。资源丰富，有丰富的水利资源、森林资源、地热资源。

本次主要以三个口袋公园（繁星港、月亮湾、夕阳靠）、北大门公园、体育公园、春晖广场、特色美食街、三江口公园、生态停车场提升改造升级，以民俗文化体验建设川滇风格，以转盘为节点（上海路一中转盘、团结路与云天大道转盘、团结路转盘、水富隧道入口转盘）进行景观整治，以城市道路绿化提升（北大门大道、向家坝大道、云天大道、人民路、长江大道、十字街、工农西路、团结路）等为基础，以打造美丽县城为目标进行建设。施工内容包括民居建筑风貌改造、公共空间和街口公园治理、绿化提升、新建停车系统、完善体育设施等。涉及内容众多复杂，包含雕塑、牌坊、体育设施、外立面、门头制作、沥青道路、硬质铺装、廊架、给水安装、线路改造、原有植物移栽、苗木新栽、苗木修剪整形、垃圾桶、标识标牌、装配式建筑小品等（图1~图27）。

图2　三江口公园2

图 3　三江口公园 3

图 4　三江口公园 4

图 5　三江口公园 5

图 6　三江口公园 6

图 7　三江口公园 7

二、工程理念

1. 功能为先

①梳理交通组织，解决非机动车无序流动、停放问题。

②扩大公共服务范畴，增加市民驿站、露天舞台、口袋公园及迷你健身场地。

③调整城市照明的功能性及导识系统。

④城市安全性和无障碍通行的局部调整细化。

2. 绿色生态

①增加绿化面积，局部增加花境，提升观赏性。

②行道树修整调整，使每条路有特色行道树，形成季相变化，提高空间通透性。

③增加花灌木和墙面绿化美化，使之具有园林城市应有的品质。

3. 文化脉络

①基本色彩和基本元素色调明快疏朗，纹理和构造契合水富的特点——山和水，这些色彩元素渗透到市政工程的每个细部。

②系列街头小品和雕塑追求轻松题材，反映生活情趣和自然美感。

③地域元素展现滇文化的特点。

④亮化工程和对岸形成反差，体现小城的繁华富有。

4. 可实施性

①考虑时间和地域，以及工艺的可行性，确定集约化、模块化和工厂化施工。

②无害、绿色、环保、节能、装配式的材料采购、运输和施工。

5. 可持续性

①确保耐久性，完成的项目注意效果的近远期结合。

②易维修和可替代，对损坏的构造和材料，做到易采购、可替代和维修简单。

③运营的人力成本和水电成本最低。

④建立专业和志愿者结合的维保模式。

⑤避免运营过程中各种污染，以及对人流交通的影响。

三、工程的重点及难点

城市道路、口袋公园、春晖广场、体育

图 8　三江口公园 8

图 9　体育公园 1

图 10　体育公园 2

图 11　体育公园 3

图 12　体育公园 4

图 13　体育公园 5

图 14　体育公园 6

图 15　体育公园 7

公园、北大门公园、转盘节点、特色美食街改造提升工程等由于项目所处位置住户密集，人员较多，车流量大，处于商业闹市区但分布凌乱、道路狭窄。施工期间要保证各住户正常生活，商铺正常营业和行人、车辆正常通行，同时要保证与各住户之间的友好沟通和友善提示，随时与住户及商铺、政府部门做好沟通协调工作。

本工程工种较多、施工作业面复杂，施工精度要求高，因此在施工过程中各工种之间应密切配合。应协调强电、弱电、给水、雨污水、燃气、通信作业单位的配合工作，做到事先有沟通，工作有安排，过程有配合，事后有检查，始终有记录，以使工程顺利进行。

四、新技术、新材料、新工艺的应用

1.“一种园林施工混凝土浆喷射装置”（申请号 CN202110886842.1）

该装置由支撑台、升降机构、驱动机构、旋转机构、调节机构、活动臂、喷浆头、砂浆泵、砂浆桶组成，是一种实用新型专利。

图 16　北大门公园

三江口公园和隧道入口涉及混凝土护坡，这种新型园林施工混凝土浆喷射装置能提高找平层与基体的黏结强度，避免抹灰层空鼓脱落。

2. 生态海绵城市理念技术的应用

在道路铺装上体现生态优先的理念。富水地区雨水较多，特别是到了梅雨季节，连绵不断的阴雨往往会使路上积满雨水。为有效改善

图 17　春晖广场 1

图 18　春晖广场 2

图 19　美食街

这一状况，项目大部分道路采用透水混凝土材料，引入海绵城市理念，充分考虑雨水下渗和净化作用，设置下凹绿地，使场地具有一定的保水能力，有效地降低下雨时的峰值，避免道路积水情况的出现，为居民提供更好的出行条件。

图 20　长江大道 1

图 21　长江大道 2 ▼

图 22　长江大道 3

图 23　长江大道 4

图 24　长江大道 5

图 25　迎宾大道

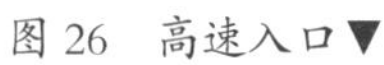

图 26　高速入口▼

图 27 街心花坛

玉昌路沿线景观提升项目——设计、施工总承包（EPC）

——深圳市绿雅生态发展有限公司

HISTORIC BUILDING GARDEN

设计单位：湖南城市学院规划建筑设计研究院
施工单位：深圳市绿雅生态发展有限公司
工程地点：深圳市光明区玉塘街道玉律社区
项目工期：2018 年 10 月 20 日—2020 年 8 月 14 日
建设规模：58000 平方米
工程造价：2651 万元
本文作者：张红珠　深圳市绿雅生态发展有限公司　副总经理

图 1　城中公园彼此相融

一、工程概况

玉昌路沿线景观提升项目——设计、施工总承包（EPC）项目，位于深圳市光明区玉塘街道玉律社区，总建筑面积为58000平方米，包括玉律文体公园约30000平方米，玉昌西路约28000平方米，本项目的特点就是在景观构造上以生态学理论为指导，以再现自然、改善和维持社区生态平衡为宗旨，再充分考虑居民享用绿地的需求，建设人工生态植物群落。在树种的搭配上，既要满足生物学特性，又要考虑绿化景观效果，绿化与美化相结合，树立植物造景的观念，创造出安静和优美的人居环境（图1~图19）。

图3　长廊路道，怡然自得

二、工程理念

项目突出文化和体育特色，满足居民健身需求

近年来，社区周边入园企业数量大增，外来务工人员急剧增多，目前常住人口已高达6.5万人。但是，社区周边缺少休闲娱乐的场所，社区居民和广大务工人员迫切希望能在社区周边建设一个功能齐全的健身锻炼场所。

图2　休闲景观，增添情趣

为了满足居民对锻炼和休闲的需求，利用原来玉律公园的山体基础，结合环境整治与文化元素，建设玉律文体公园。通过重新梳理原来玉律公园布局，将其打造为文化体育公园，增加足球场、篮球场、健身广场等健身场地，增设橡胶跑道、景观小品，打造入口广场，设置配套的儿童游乐区。

尤其值得一提的是，在建设玉律文体公园的过程中，为响应国务院《全民健身计划纲要》的号召，坚持健身事业全面、协调和可持续发展，为居民健身提供良好的环境和政府保障，公园内分点布置各类健身器材。这些器材能满足儿童、青年、中老年各个年龄段居民健身的需求，力量型、休闲型、娱乐型等多种健身器材一应俱全，吸引了附近众多社区居民和广大务工人员前来锻炼。

项目中植物的搭配选取有大叶油草、波斯

图 4　凉亭下，欢声笑语

图 5　绿树成荫，静谧放松

红草、蓝雪花、金叶苔草、茉莉花、五星花、广州樱花、白玉兰、二乔玉兰、之花风铃木等多种植物。不一样的植物搭配，使得色彩变化丰富，层次分明，形态相映成趣。通过日常养护，使植物达到最优的观赏效果，如造型植物的艺术性，开花植物的花的数量、花色，芳香植物、彩色植物、乔木的遮阴功能等。

三、工程的重点及难点

（1）为推进海绵城市建设，能够模仿甚至重塑自然水文条件的透水园路受到了众人的关注，透水砖的重要性不言而喻。为此本项目在海绵城市设计理念指导下，考虑整套水系统的收集雨水途径，地上部分小区园路采用了新型环保仿花岗岩透水砖，该透水砖除了注重渗水功能外，还注重艺术性及生态性，且根据使用性质及空间特性可以选择不同质感、色彩、纹理和尺度的铺装，因地制宜设计出具有韵律与美感的景观园路。最重要是它具有高透水性、高保水性，实现快速透水、滤水，真正实现雨水下渗、回收，从而达到提高水循环的目的。

（2）使用园林智能灌溉节水自动控制系统。维护花草树木需要耗费大量的人力、财力和时间，传统方法主要依靠水管引水浇灌、水

图 6　树下运动健身，清凉欢快▼

图 7　恬静小路，不一样的风景▼

管引水喷洒和人工喷洒等方式进行浇水，人力投入较多，水资源浪费较多。本系统针对现有技术的不足，提供一种园林智能灌溉节水自动控制系统，把可编程控制器和变频器技术应用在灌溉供水控制系统中，不仅能够实现对花木区域灌溉供水系统自动监控功能，而且能

图8　康体娱乐，休闲一体

图 9　草坪平坦，自然亲切

够根据实际需要灵活控制施水时间，达到节约水电、降低灌溉成本、提高灌溉质量的目的。有效解决了灌溉绿化的需要，提高工作效率，使植物呈现欣欣向荣的景象。

四、新技术、新材料、新工艺的应用

本项目作为舒适社区活动场所，为凸显环境品质，对园林景观的要求非常高，这就要求我们在选材、工艺、特殊景观的处理上都要下功夫。以下是对本项目的

图 10　群植乔木，草坪开敞，自然风趣

图 11　植物排列有序，开花时节跑道两侧馥郁芳香

图 12　童声童趣，孩童活力，花色靓丽

图 13　铺装素丽，植物浓绿

图 14 植物繁茂，一派生机

工程新技术、新材料及新工艺的应用情况。

1. 新材料：新型仿石环保透水砖

新型仿石透水砖的透水原理是“破坏水的表面张力”，采用“高频微振挤压成型”技术，是一种新型生态建材，解决了“透水与强度”“透水与保水”“透水与过滤净化”相矛盾的三大世界性难题。它表面有仿花岗岩、仿大理石纹、仿石材效果，美化周边生活环境。有如下功能优势：

（1）变废为宝，化害为利。将废弃材料合理利用。

（2）节能环保。成型过程免烧结。

（3）耐磨防滑。表面光洁、防滑，独特的砖体结构和铺装结构，使得铺装后的砖体与地气相通。优异的透水性可实现好的防滑、防水浸效果。

（4）生态友好。无放射毒副作用，集雨水收集、过滤和净化于一体，有效改善城市人居环境。

（5）循环再生。将有限资源无限化。

并有如下性能特点：

（1）高透水性。该透水砖具有高透水性，透水速率≥ 2 厘米 / 秒，可实现快速渗水。

（2）高保水性。仿石透水砖自身约 15%—20% 孔隙率，保水率≥ 0.06 克 / 立方米，结合透水铺装层实现滞水、蓄水、净水等功能。

（3）长时效性。表面光滑质密，不易被灰尘堵塞，通过添加超亲水剂实现快速渗水，解决了传统透水材料靠大孔隙而被灰尘堵塞和透水系数衰减的难题，透水时效长，易维护。

图 15 空间活动性强，绿篱球造型独特

图 16　活力跑道，宽敞舒适

（4）耐老化性。主要力学黏结剂为无机黏结剂，耐老化时间长，避免了使用有机黏结剂面层耐老化能力弱、易脱落等问题。

（5）高装饰性。以仿石材系列为主，拥有色彩优化的配比方案，可实现不同环境和个性需求。

2. 新工艺

园林道路是园林景观体系的重要组成部分，选择合理的技术实现园林道路的铺设至关重要，在整体路面施工的时候，用真空吸水工艺的方式来处理，是铺地工艺新技术的核心所在。这种技术的优势在于真空负压的压力作用和脱水作用，可以使混凝土的密实度得以不断提升，水灰比得以降低，从而使对应的混凝土能够最大化地发挥其物理力学性能，这对于解决混凝土工作强度问题是很重要的。除此之外，注重铺地工艺技术还有利于防止混凝土在施工期间的开裂，使路面的使用寿命得以延长。

图 17　广场简约，舒适实用

3. 新工法

透水砖铺设对工法要求较高，一旦疏忽就容易出现面不平整，分格缝、砖缝不匀、不直的质量问题，故其施工工艺要严格按照以下步骤：

（1）基层处理。使用定型组合钢模板现浇的混凝土面层，光滑平整，以附着有脱模剂，易使粘贴空鼓脱落，可用 10% 浓度的碱溶液刷洗，然后用 1∶1 水泥砂浆刮 2~3 毫米厚腻子灰一遍。为增加黏结力，腻子灰中可掺水泥质量 3%~5% 的乳液或适量 108 胶。

（2）中层处理。中层抹灰必须具备一定强度，不能用软底铺贴。因为要用拍板拍压赶

图 18　植物多样，观赏性强

缝，如果中层无强度，会造成表面不平整。

（3）拌和灰浆。结合层水泥浆水灰比以 0.32 为最佳。但施工时有可能集中调制，用人工在工作面手工拌和，其水灰比容易控制。在拌和前除了交待理论水灰比和体积配合比外，还要强调“不稀稍稠”。

（4）撕纸清洗。施工中的清洗是最重要的一道工序，因为粗糙多孔，而水泥浆又无孔不入。如果撕纸、清洗不及时、不干净，会使表面层非常脏。若待以后再返工，几乎不可能擦拭干净，即使用钢丝刷也刷不净。

（5）滴水线粘贴。窗台板应低于窗框，并还应塞进窗框一点。缝隙用水泥砂浆勾缝，勾缝也不能超过窗框，使雨水向外墙排泄。若锦砖高于窗框，缝隙即会渗水，并沿着内墙面流出。

图 19　道路简洁，植物规整

项目荣誉：

本项目获广东省风景园林与景观协会科学技术奖－园林工程金奖－施工类。

歌尔绿城项目十二期大区景观工程（观云里）

——浙江天姿园林建设有限公司

设计单位：上海绿城风景园林设计有限公司

施工单位：浙江天姿园林建设有限公司

工程地点：山东省潍坊市高新区

项目工期：2021 年 3 月 1 日—2021 年 9 月 30 日

建设规模：35000 平方米　　绿化面积：20600 平方米

工程造价：1540 万元

本文作者：王凯峰　浙江天姿园林建设有限公司　工程部副总经理

俞　倩　浙江天姿园林建设有限公司　办公室主任

图 1　小区入口

一、工程概况

歌尔绿城项目十二期大区景观工程（观云里）位于山东省潍坊市高新区，景观施工面积35000平方米。由潍坊歌尔置业有限公司投资，济南中建建筑设计院有限公司监理，上海绿城风景园林设计有限公司设计，浙江天姿园林建设有限公司施工。本工程主要包含地形处理、景石安置、园林景观铺装、廊架施工、水景施工、景观排水施工、景观给水施工、绿化种植及养护等一系列分项工程（图1~图20）。

二、工程理念

本项目以打造充满品位、艺术、高端、现代、简约、纯粹的城市花园景观为建设目标，让自然公园景观融入住宅区，提高空间的活力。公园的体验则围绕在高层塔楼周边，提供大量公共社交空间，营造有质感、有温度的生活。使用垂直森林，在楼体每三米和六米的房屋外会有绿色树木，以减少城市空气污染，产生氧气，降低噪声，也使建筑在冬季和夏季保证温度适中。项目在远离城市的山明水秀之地，营造属于自己的一片小宅，住宅不在乎大小，只在乎在自然中的一片栖息之地。

三、工程的重点及难点

1. 大面积花岗岩铺装施工

本项目存在大面积花岗岩贴面，从土路基

图2　小区全景

图 3　景观轴线

的开挖起，每一道工序都达到设计及各项规范要求，包括土路基夯实度、混凝土的厚度及浇筑工艺，杜绝因局部区域下陷导致面层花岗岩碎裂而影响整体美观的可能性。大面积花岗岩铺装在保证施工工艺质量的前提下，整体的观感效果最为重要，由此，在进场过程中，施工方严把材质、色差关，做到石材材质达标，无色差。在整个花岗岩铺装过程中，坚持“精准放样，精准施工”的指导思想，最后铺装质量达到了预期的景观效果。

图 4　俯视景观 1

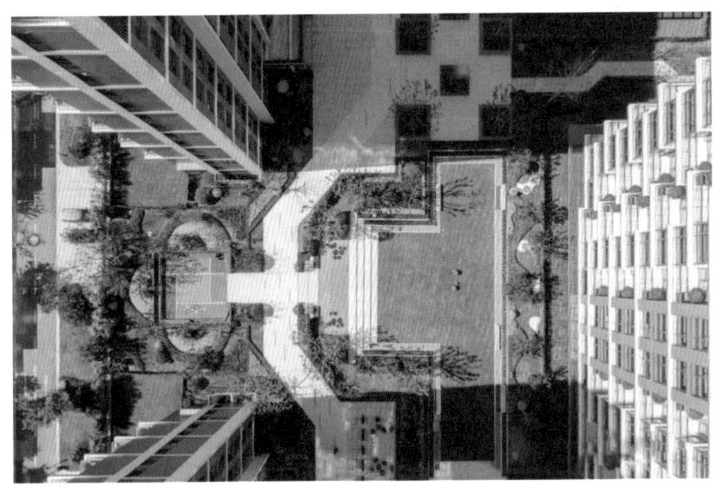

图 5　俯视景观 2

2. 树木反季节种植

本项目部分区域交付施工时间较迟，正处于夏季高温季节，由于施工时间紧张，苗木需要反季节种植，因此，施工过程中牢记了以下几点：一是在选材上要尽可能地

图 6　宅间景观 1

图 7　宅间景观 2

挑选长势旺盛、植株健壮的苗木，苗木应根系发达、生长茁壮、无病虫害，规格及形态应符合设计要求；二是苗木种植土必须保证足够的厚度，保证土质肥沃疏松，透气性和排水性好；三是在苗木种植前，在确保良好树形前提下，修剪力度应加大，尽可能减少叶面呼吸和蒸腾作用；四是反季节种植的苗木因夏季高温，容易失水，施工选用容器苗法工艺；五是在苗木进场时间问题上，以早、晚为主，每天给新植树木喷水两次。

3. 植物种植配置多样性

本项目将植物按照合理有序、丰富多变的形式组织起来，使植物功用得到最大化。进行植物配置时，除了利用树木进行孤植、群植、丛植、散点植等基本形式之外，还将不同植物类型组织起来，形成复合的混合种

图 8　宅间景观 3

植结构，做到乔木、灌木、草本植物的结合，高、中、低的搭配，立面上形成丰富的层次。在平面布局上利用植物组织与围合空间，形成开朗的草坪、林荫空地等多种不同的活动与观赏空间。

通过立面和平面的布局，使形状、色彩、质感、季相变化、生长速度、生长习性等有差异的植物配置效果相匹配，创造出更优秀的景观效果。

图 9　宅间景观 4

四、新技术、新材料、新工艺的应用

1. 新技术、新工艺运用

（1）新型水体循环净化系统应用：本项目中的景观水池使用了新型的水体循环净化系统（ZL 2018 2 2165560.9），通过本设备可以提高水质、减少换水频率，方便工作人员管理并节约成本。

图 10　宅间景观 5

（2）新型植物移栽设备应用：植物移栽过程中使用了新型的植物移栽设备（ZL 2018 2 2165407.8），将树木放在这种装置上进行移植时，可有效减少树木的树冠与地面的摩擦，有利于保护树冠，以保证树木移植后的完整性。实践证明此设备在转运植物过程中确实起到了减少伤害的作用。

图 11　宅间景观 6

图 12　宅间景观 7

（3）新型滴灌浇水系统的应用：本项目在重点区域部分使用新型滴灌浇水系统（ZL 2017 2 0950057.7），水湿润部分土壤表面，可有效减少土壤水分的无效蒸发。同时，由于滴灌仅湿润作物根部附近土壤，其他区域土壤水分含量较低，因此可防止杂草的生长。滴灌系统不产生地面径流，且易掌握精确的施水深度，非常省水。环境湿度低时，滴灌灌水后，土壤根系通透条件良好，通过注入水中的肥料，可以提供足够的水分和养分，使土壤水分处于能满足植物要求的稳定和较低吸水状态，灌水区域地面蒸发量也小，这样可以有效控制地内的湿度，使地中作物的病虫害的发生频率大大降低，也降低了农药的施用量。滴灌还可减少除草，也不会造成地面土壤板结。

（4）LID 低影响开发技术雨水回收技术应用：在绿地与硬质铺装交会处使用了隐形雨水回收装置，利用成套雨水回收技

图 13　宅间景观 8

图 14　宅间冬景

图 15　宅间小路 1

图 16　宅间小路 2

图 17　宅间铺装

术将自然资源进行合理利用，通过各种处理技术和机械设备，将雨水资源进行净化处理，并把雨水资源收集起来，在水资源短缺的季节使用，能有效缓解水资源不足的情况，节约水资源。同时雨水资源还可以为园林植被提供必要的水源，提高植被的成活率。

2. 新材料的运用

（1）EPDM 弹性材料的应用

该材料具有卓越的耐环境老化、耐热老化、耐水性、耐低温性和耐磨性等优异性，以及良好的弹性、电绝缘性和优良的色彩稳定性。在本次项目中，其亮丽、多样的色彩赢得住户普遍的好评。

（2）轻质泡沫混凝土的应用

本项目因车库顶荷载需要，采用轻质泡沫混凝土材料，该材料具有密度小、隔热性能好、隔声性、防水性好等特点。使用该材料后，经检测，自重降低 27% 左右。不仅达到了减轻荷载的目的，同时也

图 18　儿童游乐场 1

图 19　儿童游乐场 2

图 20　小亭夜景

起到隔声防火等作用，是一种较好的节能材料。

(3) 新型透水砖的应用

本项目在入户口处的铺装摒弃了传统的花岗岩铺装，选用新型透水砖，模拟土壤的功能结构，具有透水性、保水性、防滑性、降噪性、施工方便等特点。“渗”和“净”是该新材料的主要特征，具有节能环保的功能。

长征国家文化公园（一期环山健身步道项目）

——成都环美园林生态股份有限公司

设计单位：四川环美工程设计有限公司
施工单位：成都环美园林生态股份有限公司
工程地点：云南省昭通市威信县扎西镇
项目工期：2020年8月1日开工
建设规模：18千米环城绿道
工程造价：6600万元
本文作者：尹光文　成都环美国林生态股份有限公司　项目经理

图1　栈道夏景1

一、工程概况

工程建设地址位于云南省昭通市威信县扎西镇。扎西镇位于威信县境中南部，为县城驻地和全县政治、经济、文化中心，海拔 1175 米，年平均气温 13.6℃，年平均降雨量 963 毫米，属亚热带季风气候，是省级历史文化名城、省级文明县城和省级卫生县城。

本项目包括规划新建环城绿道 18 千米，宽 3~5 米，绿道类型包括了透水步道、架空栈道及特色碎拼。新建一级驿站 3 处、二级驿站 9 处及相关配套设施（图 1~ 图 17）。

二、工程理念

（1）栈道围绕“亲山、活力、生态”三个方面的设计理念建设，旨在打造空中漫步道，展开山与城的对话。

（2）人性化、生态化的设计，在栈道上多设置休息平台，供游人休息，在栈道拐弯处尽量放缓，将折角控制在 120°以上，一方面方便游客行走，另一方面有利于施工建设。

（3）重点提炼红色文化，结合威信县城市文化、地域文化、民俗休闲文化特点，在景观设计中彰显红色文化、秘境森林。

图 2　栈道夏景 2 ▼

三、工程的重点及难点

本项目位于威信县城西郊，与后山主脉相连，环半山而建，项目全长18千米，是云南首个国家长征文化公园。施工现场平均海拔高度1400米，运输垂直高度约300米，运输线长，且地形地貌非常复杂，悬崖峭壁，为喀斯特地貌，道路崎岖，人力难于搬运，设施材料需要二次、三次及多次转运才能到达施工点。根据各分段现场情况采用马帮-人工、人工-索道-人工、人工-马帮-人工、索道-人工等多种方式作为材料的垂直运输，在木栈道搭设沿步道水平索道，利用牵引机运输，然后由人工抬至各施工地点。夏季酷暑，冬季大雪封山，施工人员在大山里就地安营扎寨，在极端艰苦的条件下通宵达旦地施工。

图3　透水路

本工程中木栈道及观光平台为钢框架结构，主钢构件材质为Q235B。施工范围中所涉及的钢结构部分，采用专业施工队伍制作与现场安装施工，安装位置在半山腰，安装难度和安全风险较大。

四、新技术、新材料、新工艺的应用

1. 环保生态木

生态木是一种“GreenerWood”木塑合成材料，比原

图4　山顶俯视威信县城▼

木更经济环保、更健康节能，主要由木基或者纤维素基材料与塑料制成复合材料，结合了植物纤维和高分子材料两者的优点，能大量替代木材，可有效缓解森林资源贫乏、木材供应紧缺的矛盾。

2. 一种新型钢结构梁柱

环山栈道地处山地，对钢结构材料安全性能的要求更高，本项目采用了一种新型钢结构梁柱，解决了现有的钢结构支架抗弯强度一般、横板容易弯曲变形、梁柱整体容易移位造成整个建筑物不稳定的问题。本钢结构梁柱包括横截面呈“工”字形的柱体，柱体的两侧具有凹口，凹口内沿柱体依次间隔设有若干肋板，肋板与凹口的内侧面垂直固定连接。同时，设置了多个肋板以增强整体的抗压抗弯性，大大提高了整体强度。

3. “瓷态”户外竹材

为解决浅色户外竹材发霉问题，本项目应用了“瓷态”户外竹材。

图 5　雨景

图 6　栈道雾景 1

图 7　栈道雾景 2

图 8　山景

图 9　栈道冬景 1

图 10　栈道冬景 2

图 11　党建活动 1

图 12　党建活动 2

图 13　党建活动 3

图 14　党建活动 4

图 15　木栈道 1

图 16　木栈道 2

图 17　木栈道 3

竹子为纵向纤维，韧性好，具有良好的抗拉性，“瓷态”户外竹材既有竹子的结构性能，又具有绿色环保、强抗霉、耐腐蚀、难褪色、不易变形、经久耐磨等突出优势。经检测，其在户外使用的耐久年限可达 20 年以上。此外，“瓷态”户外竹材的吸水膨胀系数小于传统硬木，具有较好的尺寸稳定性，能够满足防火阻燃要求，也可免于白蚁侵蚀。

大余县新城镇滨江公园项目

——天堂鸟建设集团有限公司

HISTORIC BUILDING GARDEN

设计单位：天尚设计集团有限公司
施工单位：天堂鸟建设集团有限公司
工程地点：江西省赣州市大余县
项目工期：2019 年 3 月 10 日—2021 年 4 月 10 日
建设规模：4.8 万平方米
工程造价：4318 万元
本文作者：殷云芳　天堂鸟建设集团有限公司　一级建造师

图 1　滨江公园鸟瞰图

一、工程概况

大余县新城镇滨江公园项目位于钨都之乡大余县，工程造价4318万元，建设面积4.8万平方米。项目涵盖绿化、河道水环境综合治理、新建广场、园路铺装、生态挡墙、硬化道路、铺设给排水管网、配套建设亮化设施、自然生态修复等综合性工程（图1~图21）。

图2　水清、河畅、岸绿、景美的章江河自然生态岸线

图3　生态环保，兼具景观功能，且能防止水土流失的生态挡墙

图 4　修缮后的沈发藻故居

图 5　古树白玉兰、黑皮树相互映衬，更显古朴

二、工程理念

公园结合场地原有道路网络、章江河水系及生态竹林等景观资源，以“一轴、两带、多节点”为基本框架，章江河生态水景观光为主轴，河道水环境综合治理、自然生态修复为创新理念，以峰山文化演绎带和生态休闲带，对河岸沿线公共休闲空间进行绿化、美化，以打造章江河自然生态岸线、河边公园特色景观为主，实现“水清、河畅、岸绿、景美”。

本项目主要借鉴了仿自然生态手法，体现自然环保理念；注重河道水环境综合治理、驳岸处理技术在项目中使用，充分实现项目的生态性、共生性；运用专利技术；配置丰富多样的植物；特色门球场让滨江公园锦上添花；实现植物种植、养护精细化。

三、工程创新点

（1）自然生态保护和修复，河道水环境综合治理技术在项目中得到使用。

（2）运用了“可视化园林施工现场监控系统”“一种园林用土壤翻松装置”“一种高效率自动智能灌溉系统”的自有专利。

（3）生态挡墙采用“一种具有生态孔的挡土墙砌块”专利技术的

生态孔挡土墙预制块新型材料，既能起到生态环保作用，又兼具景观功能，还能防止水土流失。

（4）选用大量当地矿山废弃的大块片石作为固基护坡的主要材料，把当地脐橙渣、油茶枯饼、花生枯饼等生态有机肥作为主要绿化基肥。

（5）门球场充分考虑老年人的生理特点，选址在避风、向阳、安全和排水条件好的区域，按照标准门球场尺寸、划线宽度、颜色等标准化打造，周边配置康养保健功能的园林植被，创造一个锻炼、娱乐、休息的良好环境，建成后备受周边老年人的喜爱。

四、工程的重点及难点

（1）驳岸处理技术的运用

生态挡墙是一种既能起到生态环保作用，又兼具景观功能，且能防止水土流失的新型挡土墙技术，它可广泛应用在市政建设、生态水利、内河水生态治理等工程中。生态挡墙技术施工简便快捷，其结构为整体柔性结构，可适应基础的轻微变形；整体占用土地比较少，可设计成多级挡墙，样式多样，造型美观，在生态孔中可进行生态复绿，保证整个挡墙的生态效果和绿化效果。

图 6 “根动力”的运用，提高了苗木成活率

图 7 缓坡片植小面积林木，丰富景观层次

图 8 植物群落搭配

图 9　竖向景观绿化效果

图 10　落羽高耸

图 11　节点处突出组团效果

图 12　乡土植物及色叶植物的完美结合

图 13　疏密适当，高低错落

图 14　河道水环境综合治理、自然生态修复后的美景

图 15　彩色漫步道，增添中层植物，形成一道靓丽风景线

图 16　景石玲珑园中落

图 17　园路中巧用铺地碎块石

图 18　生态挡墙

图 19　门球场

图 20　台阶局部

（2）河道水环境综合治理技术在项目中使用

对河道挖深埋浅、疏通水系，将面积较大的坑体、洼地进行蓄水和景观化改造，增加生态挡墙、排水沟，减小水体的冲击和影响，降低灾害风险，减少水土流失。河岸采用美观、易成活、成本廉价且具有良好污水净化能力的植物配置，达到生态、可持续性无害化处理水质、水体的效果。

（3）项目地形复杂，竖向高差大，部分为棚户区，因而拆迁难度大。项目对保留的建筑旧祠堂、沈发藻故居进行了修缮，保留本土文化。同时项目位于乡镇，道路狭窄，交通不便，增加了施工难度。

（4）漫步道采用彩色透水混凝土。

五、新技术、新材料、新工艺的应用

（1）园林土方工程场地平整期采用了专利“一种园林用土壤翻松装置”（专利号 ZL 201721285675.0），大大提高了工作效率，减轻了工作人员的劳动强度，降低了工程造价。

图 21　生态长廊

（2）苗木种植期及养护期采用了专利“一种高效率自动智能灌溉系统”（专利号 ZL201710586696.4），实现了苗木种植和养护的精细化管理，减少了绿化养护用水，节约了水资源，并能保证水分及时供给。

沪通铁路常熟站综合交通枢纽南广场景观绿化工程

——常熟古建园林股份有限公司

设计单位：悉地（苏州）勘察设计顾问有限公司
施工单位：常熟古建园林股份有限公司
工程地点：常熟站综合交通枢纽
项目工期：2020 年 3 月 1 日—2020 年 10 月 30 日
建设规模：64328 平方米
工程造价：3867 万元

本文作者：顾锦花　常熟古建园林股份有限公司　项目负责人
周　怡　常熟古建园林股份有限公司　项目副经理
王现化　常熟古建园林股份有限公司　技术负责人
金　力　常熟古建园林股份有限公司　施工员

图 1　广场景观

一、工程概况

本工程主要为沪通铁路常熟站综合交通枢纽南广场景观绿化，建设总面积 64328 平方米，造价约 3867 万元，施工工期为 2020 年 3 月 1 日至 2020 年 10 月 30 日。工程内容主要有硬质景观和绿化两大部分，包括广场铺装、景观道路场地、景观小品、绿化栽植、绿化养护（图 1~ 图 20）。

二、工程理念

本工程站前广场配套景观绿化面积 6 万多平方米。绿化景观铺装很有讲究，是沿着“琴”字的艺术形态展开，以站房主出入口为中轴线呈对称布局。还有“风雨廊”以绸带形态贯穿广场，通过流线的方式体现流动性并引导人流，使风雨廊成为活跃广场空间的主要元素，并且与社会非机动车停车厅连在一起，来自四面八方的人可通过风雨长廊穿梭在站前广场，或是遮阳避雨，或是行色匆匆地奔向下一个目的地。景观厕所、岗亭以及配套景观休憩亭廊均集中在广场东侧，为旅客提供各项帮助。广场西部充分体现生态型、节约型海绵城市理念，建造一个大型雨水回收系统，实现了广场雨水、地表积水就地消纳，对于绿地雨水的调蓄利用具有显著的优势。南广场景观绿化保证了常熟站的景观与功能的需要。

图 2　广场硬质景观

图 3　广场铺装沿着“琴”字的艺术形态展开

三、工程的重点及难点

由于工程面积较大，项目分项多，工艺要求高，工期紧，加上本工程为大型综合性工程，对工程质量、技术、安全、组织等均有较高要求。特别是工期要求紧，要在规定工期内完成开通使用的要求，所以保质保量地在工期前完工是本工程的最大难点和重点。

本工程的市政、景观小品、钢结构、水电、绿化等工程交叉施工。其中广场铺装面积大、类别多，钢结构造型复杂、工艺要求高，苗木品种数量多，特别是大树多，部分树木还在树池中，造成施工现场作业狭窄、局部交通运输和施工较为困难，公司与项目甲方、设计、监理等部门充分沟通，并投入大量劳动力，做好了各种施工计划，为安全环保、文明施工、科学管理、保质保期地完成本工程做出最大努力，圆满完成了施工任务，工程质量及安全达标。

工程施工期间易受台风、雨季等突发性灾害天气的影响，施工时做好了预防工作，保证了施工质量及安全。在施工过程中，工程确实遇到了灾害性天气的影响，公司对此影响积极调度，很好地解决了灾害的影响，保证了按时完工。

图 4　石材铺装与景观绿化相结合美观实用

四、新技术、新材料、新工艺的应用

1. 生态型、节约型海绵城市理念运用

（1）应用透水沥青路面的沥青层，基层和垫层采用全透水结构，雨水可直接经过路面结构层渗透至路基，避免渗透雨水对路基稳定性造成影响，具有色彩丰富、透水透气、降低“热岛效应”等特点。

（2）应用生态多孔纤维棉模块绿地雨水调蓄利用施工工法，在土壤水分含量较高或处于饱和时，多余的水分会快速渗入生态多孔纤维棉模块中；当土壤水分含量较低处于非饱和状态时，土壤可不断吸收生态多孔纤维棉模块中的水分，直至生态多孔纤维棉模块排空水分。实现雨水、地表积水的就地消纳，对于绿地雨水的调蓄利用具有显著的优势。本工法2020年获得江苏省省级工法。

2. 新材料新工艺的运用情况

（1）自创新型园林绿化的修剪装置。采用自主研发专利项目“一种用于园林绿化的修剪装置”（专利号ZL201820198919.X），通过调节支撑杆的高度可以对不同高度绿化带进行修剪，该修剪装置实用性强，使用方便。

（2）自创新型园林绿化的挖坑装置。针对传统的挖坑装置增加一个辅助支架的设计，该辅助支架不仅能够方便挖坑装置的移动，同时在挖坑的时候会更加轻松，一个人就能实现对机械的运输和操作，比传统的方式更加轻松，

图5　风雨长廊以绸带形态贯穿广场▼

图 6　风雨长廊中的休憩座椅为旅客行人提供休息的场所

图 7　广场上的景观厕所为旅客提供了方便

图 8　景观亭与绿化、休憩座椅相结合

图 9　透水沥青路面的沥青层应用

图 10　生态多孔纤维棉模块绿地中雨水调蓄利用

图 11　广场雨水、地表积水的就地消纳

图 12　绿化种植养护采用多项新型技术

图 13　广场上石材花坛与座椅结合，美观实用

图 14　下沉式庭院景观为上下旅客提供休憩的场所

图 15　下沉式庭院景观小而美，充分体现精致美观

图 16　停车廊架为旅客和工作人员提供停车场所

图 17　广场上绿化中增加座椅，为旅客提供方便

图 18　停车廊架通过周边绿化与景观结合

图 19　石材铺装与亭廊、绿化充分结合形成特色景观

对人力要求也有所降低。

（3）乔灌木根部灌水器的应用。对于不易成活的乔灌木，灌水器在其根部区域范围内分层灌水，有效改善了根部的通气状况，为根系健康生长提供最佳水、气环境。

（4）自创新型养护装置。采用自主研发专利项目“一种新型养护装置”（专利号ZL201820198825.2），通过隔板把喷雾器壳体内腔分为两部分，可以同时放置营养液和杀虫液，无须进行二次喷洒，省时省力，流量调节器可以控制喷洒量的大小。

图 20 大型车挡石可防止车辆进入广场

项目荣誉：

本项目获 2021 年苏州市“姑苏杯”优质工程奖。

新景·祥府景观工程（别墅区）

——福建坤加建设有限公司

设计单位：欣造（厦门）园林景观工程有限公司

施工单位：福建坤加建设有限公司

工程地点：福建省泉州市安溪县古山村

项目工期：2020 年 7 月 12 日—2021 年 4 月 10 日

建设规模：50697.53 平方米

工程造价：2392 万元

本文作者：廖金杰　福建坤加建设有限公司　董事长

图 1　宅间景观 1

一、工程概况

本工程项目包括土建工程（室外道路工程、围墙工程、岗亭、小品、水景、庭院内地面部分）、电气工程（路灯照明、室外弱电、配电室）、室外管网工程（给水、雨水及污水管网工程）、绿化工程（苗木、草坪）。

根据新中式园林设计风格，公司制定了各类技术经济指标和质量工期目标，建立了质量保证体系和安全保证体系，进一步明确了管理职责，并将责任落实到每个管理人员，层层抓落实，确保工程质量目标的实施（图 1~ 图 20）。

二、工程理念

本工程的配套设施皆为艺术小品，每一个设施都做到精工细作，成品外观达到较高水平，外露焊接美观一致。除特殊灯具外，灯具基座完成面与硬质铺装完成面齐平，基座进行美化处理。所有配套设施与景观设计的风格匹配，并由设计人员和建设单位代表共同确定，项目完成效果完全达到设计的效果。

图 2　小区鸟瞰

图 3　宅间景观 2

图 4　宅间景观 3

图 5　宅间景观 4

图6　中心广场1

图7　中心广场2

图8　中心广场3

图 9　中心广场鸟瞰

图 10　宅间绿化 1

图 11　宅间绿化 2

三、工程的重点及难点

本工程与建筑、结构、水、电各专业配合协调，保证园林主体颜色和造型与环境协调。本着专业化和多元化工种相结合的原则，集中优势力量，全面施工，重点突击。每项工程施工前均先做好样板，树典范，立榜样。每一个细部做到衔接平整、美观，坡度顺畅，颜色一致。

图 14　宅间绿化 5

图 12　宅间绿化 3

图 15　宅间绿化 6

图 13　宅间绿化 4

四、新技术、新材料、新工艺的应用

该项目通过创新管理方法，施工前应用 BIM 技术预排版，优化管线碰撞和整体布局，运用新的管理模式，层层落实各方评优评先理念，按精品要求认真完成每个分项工程，达到预期的项目实施效果。

图 16　植物组团 1

图 17　植物组团 2

图 18　植物组团 3

图 19　植物组团 4

图 20　停车场出入口